完全图解5G

【日】饭盛英二／田原干雄／中村隆治【著】

陈欢【译】

中国水利水电出版社

www.waterpub.com.cn

·北京·

内 容 提 要

作为第五代移动通信技术，作为实现万物互联的网络基础设施，5G技术和大数据、人工智能、云计算、物联网等相结合，在经济社会数字化、网络化和智能化转型过程中发挥着重要的作用。从2019年我国正式进入5G商用元年以来，到现在5G手机终端用户的大量增加，5G与人们工作和生活的联系也越来越密切，并诞生了一些新的职业和新的工作机会。可以说5G的登场，给我们的生活方式和商业模式带来了很大的变化，但是很多人可能并不清楚5G究竟是用什么技术实现的，它与以往的移动通信系统有何不同以及它是如何改变我们的生活和现有的商业模式的。《完全图解5G》一书就用"文字解说+图示"的形式，对5G的工作原理及5G技术在日本当地的具体应用进行了详细解说，特别适合通信技术专业的学生和对5G技术感兴趣的商务人士、社会大众参考学习。

图书在版编目（C I P）数据

完全图解5G / (日) 饭盛英二, (日) 田原干雄, (日) 中村隆治著 ; 陈欢译. -- 北京 : 中国水利水电出版社, 2022.10
ISBN 978-7-5226-0634-7

Ⅰ.①完… Ⅱ.①饭… ②田… ③中… ④陈… Ⅲ.①第五代移动通信系统—图解 Ⅳ.①TN929.538-64

中国版本图书馆CIP数据核字(2022)第066674号

北京市版权局著作权合同登记号　图字：01-2021-7045
图解まるわかり 5G のしくみ
(Zukai Maruwakari 5G no Shikumi: 6655-1)
© 2020 Eiji Iimori, Mikio Tahara, Takaharu Nakamura
Original Japanese edition published by SHOEISHA Co.,Ltd.
Simplified Chinese Character translation rights arranged with SHOEISHA Co.,Ltd. through JAPAN UNI AGENCY, INC.
Simplified Chinese Character translation copyright © 2022 by Beijing Zhiboshangshu Culture Media Co., Ltd.

书　　名	完全图解 5G WANQUAN TUJIE 5G	
作　　者	[日] 饭盛英二　田原干雄　中村隆治　著	
译　　者	陈欢　译	
出版发行	中国水利水电出版社	
	（北京市海淀区玉渊潭南路 1 号 D 座 100038）	
	网址：www.waterpub.com.cn	
	E-mail: zhiboshangshu@163.com	
	电话：（010）62572966-2205/2266/2201（营销中心）	
经　　售	北京科水图书销售有限公司	
	电话：（010）68545874、63202643	
	全国各地新华书店和相关出版物销售网点	
排　　版	北京智博尚书文化传媒有限公司	
印　　刷	北京富博印刷有限公司	
规　　格	148mm×210mm　32 开本　6 印张　210 千字	
版　　次	2022 年 10 月第 1 版　2022 年 10 月第 1 次印刷	
印　　数	0001—3000 册	
定　　价	69.80 元	

日本于2020年正式开启了5G（第五代移动通信系统）商用服务的推广。5G的隆重登场，给我们的生活方式和商业模式带来了很大的变化，但是很多人可能并不清楚5G究竟是用什么技术实现的，它与以往的移动通信系统有何不同以及它是如何改变我们的生活和现有的商业模式的。

特别是5G中还包含了不依赖于特定电信运营商、可以自行构建小规模5G网络的本地5G运用方案。使用本地5G，对工厂以及地方的各种服务带来重大改变，同时也带来更多的商业契机。

本书是针对有以下需求的读者专门撰写的。

- 想要了解移动通信的基本原理。
- 对驱动5G的先进技术感兴趣。
- 想要了解本地5G的发展动向。
- 对使用5G的新型商业案例感兴趣。

在第1~4章中，对移动通信的基本原理进行讲解；在第5~6章中，对5G智能手机中搭载的新技术进行介绍；在第7章中，对5G会为商业和产业以及我们身边的生活带来哪些变化进行说明；在第8章中，对与本地5G相关的内容进行讲解。读者可按顺序逐章阅读，也可通过关键词搜索直接跳到感兴趣的章节阅读，如对5G智能手机感兴趣的读者可以直接从第5章开始阅读。

为了能够让工程师以外的企业家、企划负责人、销售人员等商务人士以及对新知识和新技术感兴趣的在校学生轻松理解5G相关的内容，本书对此进行了细致的讲解。

希望通过本书，能够让更多人理解5G的原理，让更多人灵活地使用5G，为建设一个更加繁荣、安康的社会平添一抹色彩。

资源赠送及联系方式

为了读者能更好地学习，我们提供了像显示频率分配情况的一些彩色图，以及与第 4 章最后"开始实践吧"相关的等距方位图。有需要的读者可以通过下面的方法获取下载链接，进一步学习。

（1）扫描下面左侧的二维码，关注公众号后输入 tj5G，并发送到公众号后台，获取资源的下载链接。

（2）将该链接复制到浏览器的地址栏中，按 Enter 键，即可根据提示下载（只能通过计算机下载，手机不能下载）。

（3）读者也可扫描下面右侧的二维码，加入读者交流圈，及时获取与本书相关的信息。

致谢

本书是作者、译者、所有编辑及校对等人员共同努力的结果，在出版过程中，尽管我们力求完美，但因时间及水平有限，难免也有疏漏或不足之处，请各位读者多多包涵。如果您对本书有任何意见或建议，也可以通过 2096558364@QQ.com 与我直接联系。

在此，祝您学习愉快！

编　者

目录

第 **3** 章 5G是无线电波高手
5G为了更好地利用无线电波所做的努力　　51

第 **4** 章 5G 网络
核心网是发挥 5G 极限性能的关键
77

第 **5** 章
5G智能手机的特点
5G商用服务中所使用的最新技术
101

第 **6** 章　5G智能手机的工作原理
包括物联网设备在内的智能手机与网络的关系 123

第 **7** 章　5G将带给我们什么
运用超高速、高可靠性、超低延迟、大规模物联网等技术的新型商用案例 143

第 **8** 章 本地 5G 与 5G 的未来发展
扩大保护范围的 5G
161

5G是什么

移动通信技术的发展与5G的定位及作用

» 我们家也要上5G了

从"喂！喂！""在的！在的！"到智能手机

现在，各大运营商已经开始提供5G通信服务了。手机从提供"喂！喂""在的！在的！"的语音通话服务开始，伴随着通信技术的不断进步，到人们可以用手机发送信息、照片、视频等，再到现如今我们可以将全世界的信息聚集于片掌中，也可以非常轻松地将自己的信息发布到全世界的各个角落。毫不夸张地说，智能手机是人类发送和接收信息的工具的完美形态之一[注1]。

"物品"也能说话了

时长为2小时的视频文件以前需要花费很长时间下载，而5G时代到来后，只需3秒就能将该视频文件下载完成的**超高速通信**成为可能。不仅如此，很多人都相信**物与物之间也能进行交谈的时代**即将到来（图1-1）。如果能将"物与物之间的交谈方式"正确地应用到合适的场景中，则5G技术不仅可以实现对大量**物与物之间通信**的管理，还可以稳定且高速地实现物与物之间、物与人之间的信息交换处理。

正确打开5G的方式

5G的超高速通信以及"让东西能说话"的技术都可以让我们的日常生活变得更加多姿多彩。5G是非常高端且便利的技术，但是**我们不应以"随大流"的态度看待这一便利的技术，而应当在一定程度上理解这一技术的特性，做到物尽其用**，这是非常重要的。

本书旨在通过技术层面的深入讲解，为读者提供正确使用5G技术的参考信息。笔者希望这一可以解决很多社会生活问题的先进技术可以被更多人真正理解，而不至于被束之高阁，或被滥用而造成负面影响。

[注1] 在之后的章节中，将统一使用"移动电话"这一称谓来表示多功能手机和智能手机，如图1-1所示。

图1-1　　　　　移动电话的发展与多样化

第

1

章

5G是什么

喂!喂!

123456…

语音通话

文字显示

多功能手机
(照相、视频、
邮件、音乐、
游戏、地图、
电视……)

SNS

10倍速率感动体验!

5G

送给你
的花!

智能手机

零花钱
入账!

世界第一!

目的地在
下个路口右转!

5分12秒后
到达现场!

买点鸡蛋回来!

正在监控电器
是否在浪费电!

停车场
预约成功!

减肥进展顺利!

知识点

🖊5G作为我们日常生活中的通信技术,已经在不经意间改变了我们的生活
方式,给我们带来了很多便利。

🖊面对便利的5G技术,我们不应"随大流",而应积极学习其原理,做到
物尽其用。

🖊理解5G的基本原理和技术特性,正确地发挥5G的强大功能。

3

» 5G究竟能做什么

物与物之间的通信

移动电话作为人们的现代通信手段，可以用来打电话和浏览社交媒体，为人们提供高效且高速的通信服务的同时，也极大地丰富了社会生活。

5G作为先进且成本低廉的通信技术，除了上述基本用途之外，还提供了对**连接物与物的通信**的支持。5G可以将机器和传感器用成本低廉的通信手段连接起来，从而实现安心、安全、舒适且高度可靠的通信服务。在工厂中的产业应用、社会基础设施监控、公共领域应用等方面，**根据使用场景的变化，为"换衣服"（通信功能的切换）和"加衣服"（通信功能的增设）**提供了开创性的支持。

5G的意义在于，它已经超越了单纯作为通信手段的框架。在我们生活的现实社会以及我们看不到的地方，数字化中心的数据传输和处理等发挥出作为构建安全、稳定、高效的数字空间的桥梁的重要作用，也同样是令人期待的事情（图1-2）。

任何人都能使用的先进的通用通信技术

我们每天使用的智能手机在高端的半导体技术的驱动下，能够在极短的时间内处理数量极其庞大的信息，而且智能手机是一种只有巴掌大小的超高性能的终端设备。而用于智能手机通信的运营商的通信网络系统是极为复杂的高端通信技术和运用体制的结晶。

这些终端设备的开发、制造、设置、维护、管理等不仅需要耗费大量的人力、物力，也离不开资金和技术的积累。如图1-3所示，这些技术是由全世界多达80亿人以"AA制"的方式分摊费用的，因此我们每个人都可以用合理的价格购买和享用这一**先进的通用通信技术**。

在新的领域中使用5G最新技术时，我们也应当充分利用这一"人类智慧的结晶"以及**发挥其作为世界通用技术的真正价值**。因此，在与全世界的人们分享先进5G技术的同时，合理地利用这一技术改善我们的日常生活，寻找适应社会需求的运用方法是极为重要的。

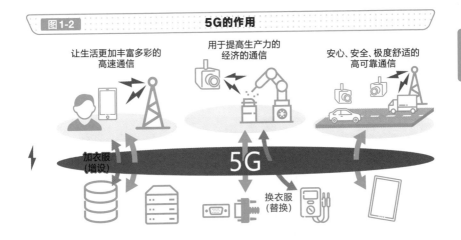

图 1-2　　5G的作用

让生活更加丰富多彩的
高速通信

用于提高生产力的
经济的通信

安心、安全、极度舒适的
高可靠通信

加衣服
(增设)

5G

换衣服
(替换)

图 1-3　　移动电话的用户数量（全世界）

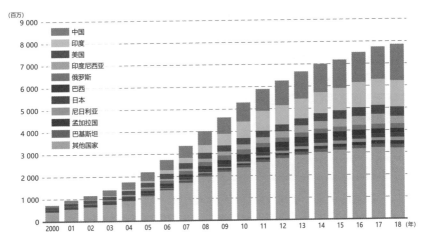

引自：根据ITU-R统计资料绘制

知识点

❧ 5G不仅可以为智能手机提供高速通信，而且可以实现连接庞大数量的机器的通信和高度可靠的瞬时应答通信。

❧ 先进的通信技术的核心部分是通用的。根据应用场景的不同，也可以用于"换衣服"和"加衣服"。

❧ 可以"AA制"享用世界通用的先进通信技术的意义重大。

5

≫ 难道现在的智能手机不够用吗

高速即正义

记得很久以前，有句很流行的糖果广告的广告词是"量大即正义！"。如果把这句话改成移动电话的传输速度的口号，那么自然就是"高速即正义"。

图1-4所示的是下载各种不同大小的文件所需花费的时间。2G、3G、4G、5G分别代表从第2代到第5代中移动电话系统的理论最大传输速度（下行方向）所对应的范围。图的横轴和纵轴是每一个刻度的传输速度和下载速度都增加10倍的对数刻度。

时长约2小时的视频在传输速度只有12.2 Kbps[注2]的时代需要耗费1个月以上的时间才能下载完毕，但是到4G的几百兆比特率[注3]的时代只需十几秒到几分钟，而到了5G提供的20Gbps[注4]的时代，则只需3秒[注5]。

大家在使用智能手机时，如果下载视频或软件的等待时间超过了几十秒，就会开始不耐烦。虽然4G的智能手机在未来相当长的时间内仍然会继续存在，但是相信大家一旦体验到5G的高速所带来的便利性后，就再也不愿意使用4G了。

"粗"的才更快

"高速即正义"其实与用水管将水箱里的水排出是一个道理，要想实现更快的传输速度，就需要使用更"粗"的传输线路（图1-5）。

从1-4节开始，我们将对在迈向5G的进程中，具体是怎样对传输线路进行"加粗"的原理和技术发展历程进行回顾。

[注2] 相当于每秒传输长度为12 200位的二进制数（用1和0表示的数）的传输速度。
[注3] 相当于每秒传输长度为几亿位到十几位的二进制数的传输速度。
[注4] 相当于每秒传输长度为200亿位的二进制数的传输速度。
[注5] 在实际的移动电话系统中，由于具体传输路径等条件的影响，净传输速度可能会有所降低。

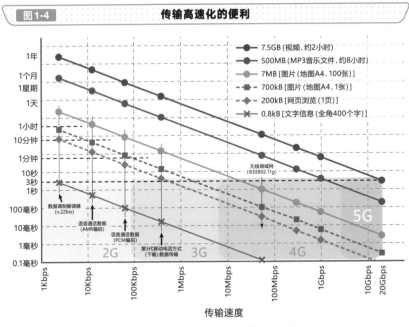

图1-4 传输高速化的便利

- 7.5GB(视频,约2小时)
- 500MB(MP3音乐文件,约8小时)
- 7MB [图片(地图A4,100张)]
- 700kB [图片(地图A4,1张)]
- 200kB [网页浏览(1页)]
- 0.8kB [文字信息(全角400个字)]

无线局域网
(IEEE802.11g)

5G

数据调制解调器
(v.22bis)

语音通话数据
(AMR编码)

语音通话数据
(PCM编码)

第3代移动电话方式
(下载)数据传输

2G 3G 4G

传输速度

引自:"数字化革命的应用场景与5G" 富士通(总务省5G推广运用讲座,2019年6月)

图1-5 "粗"的才更快

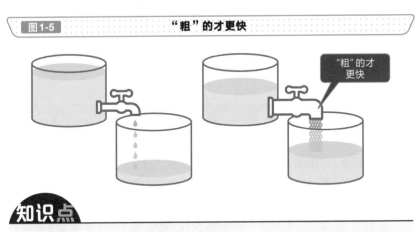

"粗"的才
更快

知识点

✎ "高速即正义",如果下载时间缩短到几秒以内,相应服务的普及速度也会加快。

✎ 时长约2小时的视频在4G网络中需要下载几分钟,而在5G网络中只需3秒。

✎ 传输线路越"粗",传输速度就越快。

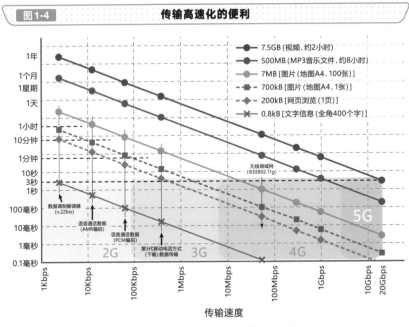
(第 1 章 5G是什么)

7

≫ 迈向5G

"老五"的作用

5G这个词来源于 The fifth Generation 这个英文词汇，意思是第5代。由于是第5代，因此我们称其为"老五"。移动电话行业几乎每十年会进行一次技术的更新换代（通信系统的进步）。

每一代技术都是在继承上一代的技术进步和系统发展的基础上，进一步提升和发展而来的。在后续的小节中，我们将对每一代技术中具有代表性的技术进行讲解。但从总体上看，新一代技术总是通过在社会生活（市场）中运用技术而孕育出新的需求（使用方法），从而在推动下一代技术进步的良性循环中产生。当我们回顾整个行业的发展历程时会发现，每次技术的进步都是解决当时的市场需求的必然结果，在不断地循环中孕育出新一代的移动电话系统（图1-6）。

在整个移动电话的发展历程中，如果说因为"老四"的出现而得到爆发式普及的智能手机是**"装在口袋里的互联网"**[注6]，那么作为"老五"的核心价值的**"开启多样化服务时代的大门"**则是市场期待其能肩负起来的重任。

直线式上升的使用量

图1-7中展示的是日本移动通信入网用户数量的变化情况。随着移动电话的更新换代，入网用户数量的增长速度极快。目前，平均每位日本国民拥有1.4部手机。图中蓝色和灰色的线表示包含移动电话在内的移动通信系统整体的信息处理量，即数据流量。

从2000年左右开始提供第3代系统时，移动通信系统的通信流量就呈直线上升的趋势，到目前每月的总数据流量达到1000TB，每个入网用户每月的数据流量（下载）超过4GB[注7]。

[注6] 在智能手机出现之前，人们认为上网需要使用个人计算机是理所当然的事情。
[注7] 1GB、1T（太）B是表示数据量的单位，分别表示10^9B和10^{12}B。

图1-6 市场需求与移动通信方式的进化

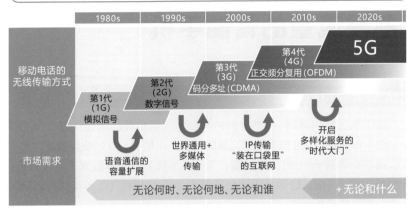

※1980s 表示 20 世纪 80 年代，余同

图1-7 日本移动通信入网用户数量、每月总流量、每个用户使用流量的变化

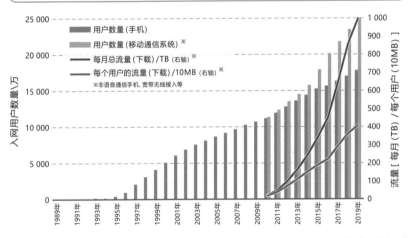

引自：手机、小灵通入网用户数量变化（纯合计）（截至 2020 年 3 月底）、日本移动数据流量现状（根据总务省信息通信统计数据绘制）

知识点

✎ 引起智能手机市场爆发式增长的"老四"是可以"装在口袋里的互联网"。

✎ 5G（"老五"）是开启通向各种各样新型服务的"时代大门"。

✎ 移动电话（移动通信系统）入网人数和数据流量的增长速度都极快。

不限流量的智能手机

永远不够用的流量

接下来，我们将对1-4节提到的与数据流量相关的问题作进一步的讲解。图1-8中展示的是日本数据流量的年度变化情况。纵轴使用的是对数刻度，每个刻度表示10倍的增长量。下行（下载）方向的数据流量在最近5年增长了将近4倍。这相当于年化收益率33%的复利（两年半时间翻倍），是十分夸张的增长速度[注8]。

如何满足用户对"不限流量的智能手机"的通信需求是移动电话系统中待解决的难题，而随着通信能力飞跃式增长的5G技术的应用和普及，相信这个难题也会迎刃而解。

不仅"量"在变"质"也在变

满足市场对数据流量不断增长的需求非常重要，在5G时代中，**数据流量的"质"也会产生巨大的变化**。

如图1-9所示，图中除了展示移动数据流量外，还展示了固定宽带（使用固定的宽带线路连接互联网）的数据流量。

不出意料，传统的固定宽带流量中的一部分会转移到使用更加方便的移动通信中。进入5G时代后，在人们已经习惯使用的传统型通信的基础上，还会加上数量庞大的物与物、物与人之间的通信（请参考1-1节），因此不难想象未来数据流量的特点将发生翻天覆地的变化。

具体的表现就是，通信需求急剧增加的时间段和场所的分布变化；传统的文字、声音和图形等数据传递给人的信息，再加上确保机器高速安全运行的低延迟或高度可靠的零错误传输的重要性的提升；用户对通信质量的要求等。为了解决这些即将出现的需求问题，5G中设计好了相应的解决方案。

[注8] 固定宽带的数据流量（截至2020年5月）由于受到COVID-19感染预防政策而导致居家时间的增加的影响，与上年同期相比出现了5～6倍的大幅增长。与移动电话的流量（截至2020年3月）一样，今后的变化值得注意。

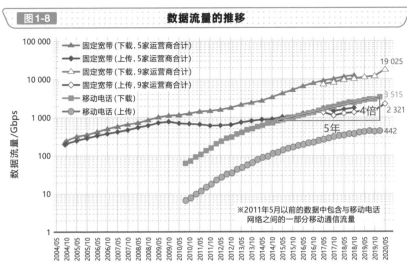

图1-8　　　　　　　　　　**数据流量的推移**

引自：日本互联网数据流量统计与估算（总务省信息通信数据库）

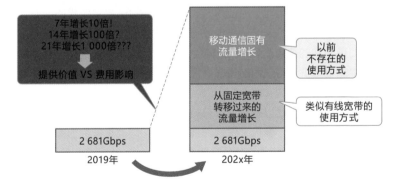

图1-9　　　　**数据流量中"量"的增加和"质"的扩大**

待解决的难题：满足不断增长的数据流量需求
新的问题：对传统移动通信环境中缺乏特殊流量的支持

7年增长10倍！
14年增长100倍？
21年增长1 000倍？？？

提供价值 VS 费用影响

移动通信固有
流量增长　　　——　以前
不存在的
使用方式

从固定宽带
转移过来的
流量增长　　——　类似有线宽带的
使用方式

2 681Gbps　　　2 681Gbps

2019年　　　　202x年

知识点

✎移动数据流量的增长速度如"离弦之箭"。
✎增长的不仅是通信的"量"，"质"也在发生根本性转变，并趋向多样化。
✎这些待解决的难题都将是未来5G的优势所在。

»"老大"——成熟的模拟精英

"无论何时、无论何地"——手机时代的开启

5G中使用的种类繁多的移动电话技术，大多是从第1代技术中一脉相承继而发扬光大的，移动电话的原理在第1代就已经被设计出来。为了让大家能够更好地对5G技术建立整体的印象，我决定先带大家回顾一下这个"大家族"的发展历程。

初代手机使用的是模拟调制（对需要传输的电子信号的波形不作任何处理，直接传输）技术，因此也被称为模拟方式。那时的电子零件不仅又大又笨，而且需要很大的电源容量，因此人们把**机器安装在汽车上使用**。由于其属于"高端消费"的系统，只有很少的人能够使用，因此"老大"可谓是满满的"成熟的模拟精英"感。

"接力"式通话

"边移动边打电话"的使用方式，在当时可谓是划时代的创新。其具体的通信方式是电话机通过无线电波与附近连接到电话网络的基站进行语音通信，如果移动的位置超出了电波覆盖区域（快超出还未超出时），就将整个通话中的电话机（自动切换且时间很短，通话者感觉不到）像"接力"一样交给邻近的基站处理（图1-10）。

这种通信机制是以基站为单位将服务划分成多个小区域覆盖，然后交给每个基站单独负责，像极了生物的细胞结构，因此也被称为**蜂窝式系统**，而"接力"的过程则被称为**交接（Hand Over）**。

即使不打电话，一旦发现基站就放"狼烟"

在正式通话前，电话机需要知道自己能够连接的基站有哪些。因此，电话机即使不打电话，也一直在探测基站的电波，一旦发现新的基站，就会像古代打仗放**"狼烟"**那样发送信号，通知基站自己当前的位置（图1-11）。

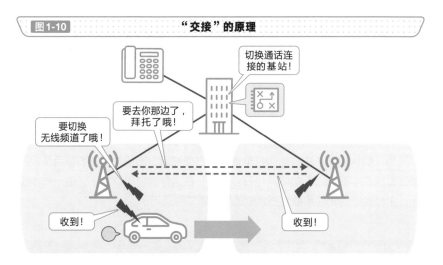

图1-10　　"交接"的原理

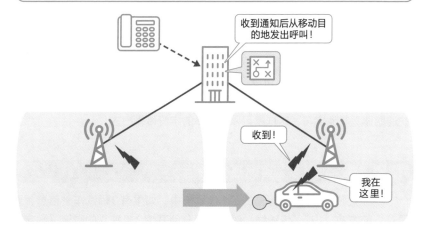

图1-11　　通知基站自己所在位置的原理

知识点

　第1代"移动电话"最初是装在汽车上使用的。

　将通信服务划分成多个小区域覆盖，并分别交给基站负责的"蜂窝式系统"。

　为了可以"边移动边打电话"，电话机使用"接力"和"狼烟"等机制通知基站当前所在位置。

>> "老二"——气质犀利的数字系统

从"无论何时、无论何地"到"无论和谁"

当人们认识到"边移动边打电话"的方便性后，市场对更加方便且负担没那么重的"移动电话"的呼声也日益高涨。在这样的时代背景下，进一步小型化，由轻量级的元件和数字技术驱动的"老二"登场了。

用"数字"进行通信

在使用数字通信技术传输声音和图像等信息时，需要先将信息**转换成字符集（符号）**。

"字符集"就是按照某种约定，与接收数据的一方共同使用的一组符号的集合，在将信息转换成"字符集"后，还可以使用新的规则对字符的传输方式进行加工。例如，我们可以对字符进行"快速朗读"，用很短的时间传输出去（压缩），而听到的人可以再用正常的速度"大声复述"。虽然进行"快速朗读"的部分需要用清晰且响亮的声音，但是在之后的"空隙"中还可以"快速朗读"其他字符，这样就可以将更多的字符传输出去。

使用"数字通道"实现高效搬运

在使用模拟信号进行传输的第1代系统中，如果有3辆汽车（信息）要"通过"前方的"山"（传输线）时，需要分别开挖3条独立的隧道（数字隧道）[注9]（图1-12）。

而如果使用第2代的数字传输，会在入口处对信息在长度上进行压缩（快速朗读），然后在"空隙"内将其他信息"快速朗读"的结果不留空隙地排列在一起，最后在出口处再次将信息拉长（复述）将其恢复[注10]（图1-13）。

使用第2代系统，我们就不需要再挖那么多条隧道了，只要**挖一条稍微宽一些的"数字隧道"，然后共同使用就可以有效地提高系统整体的传输效率。**

[注9] 相互独立的"数字隧道"在实际通信中相当于在频率轴上划分出来的不同的通信频道，这种多路复用方式被称为频分多路复用（Frequency Division Multiplexing，FDM）。

[注10] 将一条粗的"数字隧道"（很宽的频率轴上的通信频道）按时间段划分使用，这种多路复用方式被称为时分多路复用（Time Division Multiplexing，TDM）。

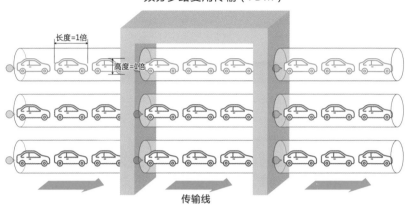

图1-12 单独通过不同的狭窄的"数字隧道"

频分多路复用传输（FDM）

长度=1倍
高度=1倍
传输线

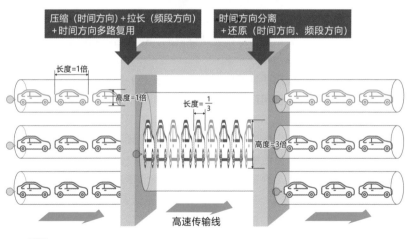

图1-13 共用一条又粗又宽的"数字隧道"

时分多路复用传输（TDM）

压缩（时间方向）+拉长（频段方向）
+时间方向多路复用

时间方向分离
+还原（时间方向、频段方向）

长度=1倍
高度=1倍
长度=$\frac{1}{3}$
高度=3倍

高速传输线

知识点

∥使用数字技术进行通信时，需要先将声音或图像等信息转换成字符集（符号）后再传输。

∥第2代移动系统将多个信号压缩后通过同一条又粗又宽的"数字隧道"传输，以此实现更加高效的数据传输。

≫"老三"——洋气的多媒体国际人

更加便宜、更加便利

随着数字通信技术的进一步发展，数字隧道不仅能够同时传输数据量更大的信息，而且"更加便宜、更加便利"。不过，要在更短的时间内"快速朗读"，就必须用"更大的嗓门"（更粗的数字隧道）。实际上，这个"隧道的粗细"对应的就是无线通信中所使用的无线电波频率的"宽度"（幅值），所以要在"粗细"有限的管道内塞入更多的信息，就需要在传输方式上下功夫。

要环保就要节约用纸

当我们使用纸进行信息传输时，如果为了节约纸张在写好的信息上覆写新的信息，那么这张纸上的信息是无法读取的，也就达不到传输信息的目的（图1-14）。

但是，如果我们**使用两种颜色（如蓝色和灰色）叠加印刷两段不同的句子，然后在读取信息时使用蓝色或灰色的半透明塑料片盖在纸上**，就可以很容易地看见与塑料片颜色不同的句子。如果整本书都采用这种方式印刷，那么厚度就会少一半，可以有效地节省书架的空间（频率的幅值）（图1-15）。

第3代之后的移动电话系统都是采用类似方式，使用数字技术将不同的信息"染上不同颜色"后再叠加在一起发送，接收信息的一方将不需要的信息隐藏后再读取（只读取需要的信息），这就是所谓的码分多路复用传输技术。

更加洋气的多媒体

如此，第3代系统就在"要做就做全世界通用的移动电话"的呼声中诞生了。使用了最先进的数字技术之后，除了打电话外，还能发送电子邮件、图像（照片）的世界通用系统得到了广泛普及，从此拉开了多媒体传输时代的序幕。

图1-14　　终极节约用纸大法——覆写

<table>
<tr>
<td>个天　。我
名都直是
字没到只
。有今猫</td>
<td>+</td>
<td>我狂我大
不风不雨
惧呼畏倾
啸，盆</td>
<td>→</td>
<td>我狩猫我
个所不雨
名直到倾
字啸没盆</td>
</tr>
<tr>
<td>一张纸最多只能
写16个字。</td>
<td></td>
<td>在同一张纸上重叠书写
就能节约纸张!!</td>
<td></td>
<td>看不懂。</td>
</tr>
</table>

图1-15　　用有色文字印刷、透过有色塑料片读取

多路复用传输的优势：一本书两次享受，这很环保

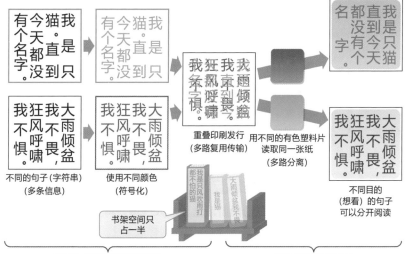

不同的句子(字符串)　　使用不同颜色　　重叠印刷发行　　用不同的有色塑料片　　不同目的
(多条信息)　　(符号化)　　(多路复用传输)　　读取同一张纸　　(想看)的句子
　　　　　　　　　　　　　　　　　　(多路分离)　　可以分开阅读

书架空间只
占一半

出版社、书店(信息的发送端)　　　　　　　　读者(信息的接收端)

知识点

🖉 码分多路复用传输是将文字"染色"后再传输。接收端使用"有色塑料
片"单独将需要的文字读取出来以达到节约用纸（减少传输线的成本）的
目的。

🖉 第3代系统除了语音电话外，还可以发送电子邮件和图像（照片），拉开
了多媒体传输时代的序幕。其作为世界通用系统得到普及。

》"老四"——方便的打包小能手

更多的信息（文字）传输耗费更短的时间

第4代系统使用了"正交频分复用"这一技术，特点是克服"崎岖道路"（杂音、干扰）的能力非常强。

杂音和干扰非常严重的通信线路就好像震动很大的带式输送机，如果用这台输送机传输"我是只猫"这4个字会如何呢（图1-16）？

首先，让我们考虑单纯在时间方向上压缩传输的情形，将"我是只猫"这4个字印在一片有弹性的橡胶膜上，并在时间方向（横向）上将其压缩。这样一来，橡胶膜在纵向（传输线路的粗细方向）上就会拉长。其次，将其分割成4份长条，为了克服"震动"的问题，再在每个上面标上方向箭头，然后放入输送机。

在输送机的出口（接收端）处，由于震动的影响，每份长条的摆放方向也会变得很散乱，因此我们再根据发送端标注的箭头方向将长条摆放整齐，这样一来，就能还原橡胶膜原始的尺寸，将信息读取出来。

实际上，在将传输速度高速化后，由于长条数量的增加，将"所有的长条摆放整齐"这一处理会变成难以解决的"超级难题"。

老四是"越野高手"

在正交频分复用中，在**初始阶段需要加入一道"将文字的纵横方向交换"的工序**（与炒菜要先切菜一样）。印刷到橡胶膜上，时间方向（横向）拉长并切成长条，然后在"崎岖道路的输送机"上传输。虽然每个文字的传输时间会变长，但是由于在纵向（传输线路的粗细方向）上经过了压缩，4个字是一同发送的，因此整体的效率并不会下降。

接收端只要对每份长条的方向进行确认即可将文字提取出来，处理起来很简单（最后再简单地颠倒一下纵横方向就完成了通信）。

通过上述方式，**第4代移动电话系统**即使面对的是路况条件很差的传输线路，也能在很短的时间内完成复杂的处理，将大量的信息正确无误且及时地传输出去，因此我们将其称为擅长高速数据通信（数据包分组通信）的"数据打包小能手"。

图1-16 在震动很大的输送机（路况差的传输线路）中传输文字（信息）

① 沿时间方向压缩后的高速文字传输（接收端很难处理）

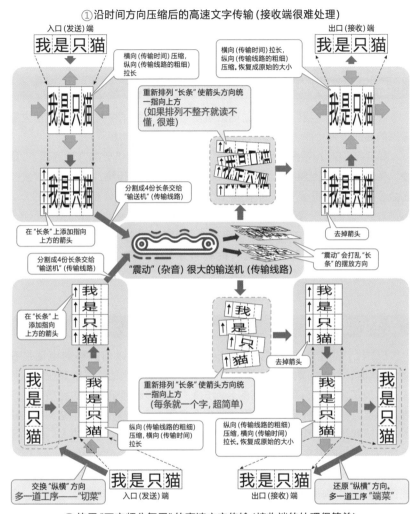

② 使用"正交频分复用"的高速文字传输（接收端的处理很简单）

知识点

✎ 正交频分复用在初始阶段多一道工序——"切菜"（纵横切换）。

✎ 第4代系统可以在"崎岖道路"中快速传输大量的数据，是擅长高速数据通信（数据包分组通信）的"数据打包小能手"。

》 优秀"老五"闪亮登场

"老五"的使命

到目前为止，我们已对移动电话所使用的先进技术中关于如何处理大量信息的高效传输，即"传输能力"的问题进行了重点讲解[注11]。

第5代（5G）系统不仅继承了让人与人之间的通信更加方便舒适、"更快"（enhanced Mobile BroadBand，eMBB）这一优良传统，而且还继续发扬光大，为实现"更多"物间通信（massive Machine Type Communications，mMTC）以及"更强"的安全（Ultra-Reliable and Low Latency Communications，URLLC）的信息交换技术而做出了不懈的努力。在后续的章节中，我们将对这些5G的核心技术和机制进行更加细致的讲解（图1-17）。

从公网到本地

5G中，还有一种被称为本地5G的使用方式。以前的移动电话是在"无论何时、无论何地、无论和谁"的口号下发展壮大的，是所谓在全球范围内实现了大容量、高速通信的公网5G。日本移动通信服务的品质和稳定性都不错，智能手机无论在哪里使用都很方便。而这些先进的通信网络的研发、构建和运营所需要的费用是按"AA制"分摊的，全世界的人们都能享受到科技进步所带来的便利。

"本地5G"是指使用这一全世界共同的资产——公网5G技术，在不同地区和行业中构建的自己的5G网络。具体来说，上至制造业、物流、零售、金融、建筑、交通、医疗、教育等行业，下至包括行政服务在内的公益、公共设施等领域，都能够使用这一技术（图1-18）。有关"本地5G"的知识，将在本书的后半部分进行介绍。

[注11] 高速、大容量的传输能力所带来的便利会促进技术的普及，同时也会激发下一代技术革命，这会形成一个良性的循环体制。

图1-17　"更快""更多""更强"的技术

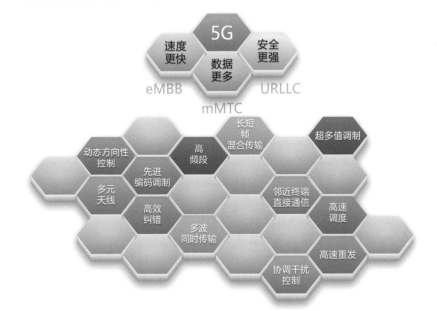

图1-18　本地5G=用属于全世界的5G技术建立属于自己的5G网络

属于全世界的5G技术　　　　　　　　　　属于自己的5G网络

* 图片来自pixabay

✎ 5G的使命是"更快""更多""更强"地发展移动通信技术。

✎ "本地5G"是用属于全世界人民的资产——公网5G技术，建设地区、产业内属于自己的5G网络。

开始实践吧

统计下载数据耗费的时间

在第1章中，我们以在移动通信的发展过程中如何实现大量信息的高效传输，即"传输功能"的问题为重点进行了讲解。图1-7展示了日本移动通信入网用户数量，以及包括手机在内的移动通信系统的下行方向的信息总量（流量），而且还提及最近每个月的数据总流量高达1000TB（10^{15}B）的问题。

下面假设按照4G智能手机的最大理论速度1.7Gbps（1秒1.7×10^9比特的传输速度）进行下载，请计算下载这么多数据总共需要花费的时间。具体的计算公式如下（公式中的B表示单位字节）：

10^{15}(B)×8(bit/B)÷<u>$1.7×10^9$</u>(bps)=4.7×10^6(s)=54.5（天）

计算结果显示，下载所有数据需要耗费超过一个月的时间，多达54.5天。虽然平均到每个人也就是几秒，但是整体的合计时间仍然比较漫长。

下面请按照5G的最大理论传输速度将刚才公式中的1.7×10^9（下划线部分）换成20×10^9进行计算，并将计算结果写入表格。相信计算出来的时间会大幅缩短。

通信技术	最大传输速度	下载所需时间
4G	1.7Gbps	54.5天
5G	20Gbps	

由于在实际的通信系统中传输速度会有衰减，因此实际传输时间与理论传输时间计算结果是有出入的。而且，随着传输速度的提升，实际的通信需求也肯定会有相应的增长。虽然现实中还存在形形色色的问题，但是总的来说，最大传输速度高速化的结果必然会促进社会生活中的信息交流活动，使其变得更加活跃和高效，这一点是毋庸置疑的。

[答案] 10^{15}(B) × 8(bit/B) ÷ 20 × 10^9(bps)=4×10^5(s)=4.6（天）。

第2章

5G通信离不开无线电波

高效合理地利用珍贵的无线电波资源的机制

» 无线电波——时代的宠儿

无线电波是时代的宠儿

无线电波的神奇之处在于其可以传播到很远的地方，除了手机，在很多重要领域都有着广泛应用（图2-1）。

除了可以传递信息，电视节目播放、气象观测、航空管制、射电天文学以及厨房中用的微波炉等领域都在运用无线电波的传播特性。

无线电波会在空间传播，虽远必达

无线电波是一种自然现象，当电子的作用力（电场）与磁铁的作用力（磁场）反复交替变化时，就会像"波"一样在空间中传播。我们可以将无线电波的传播方式想象成"踩高跷"，右脚（电场）和左脚（磁场）交替地向前迈出，就形成了移动的效果（图2-2）。

但是，无论高跷的高矮如何，将每步迈出的步幅与迈出的步数（每单位时间）相乘得到的移动速度始终都是相同的。**无线电波的传播方式会随着每秒迈出的步数（频率），或者将移动速度除以频率得到的步幅（波长）的变化而发生变化**[注1]。

"又长又细"与"又短又粗"

假设有人用高跷搬运货物（信息）。比较长的高跷迈得步子比较大，所以可以很轻松地将货物搬到比较远的地方。虽然可以跨越不少障碍物，但是由于步子迈得比较大，每次能够搬运的货物也比较少。

而如果是用比较短的高跷，其步幅较小，所以步数会增加。但因为每次迈得步子比较小，所以比较累，搬运的距离也就较近，如果碰到障碍物，就会停下来。不过，由于这种方式可以由很多人近距离进行搬运，因此整体上可以搬运更多的货物。

在手机的通信中，**使用频率恰到好处的无线电波，可以在信息传输所需的可到达距离与可传输信息量之间取得较好的平衡。**

[注1] 我们将在2-2节中对不同应用领域所分配的不同频率进行讲解。

图2-1 **无线电波在大量领域中有着广泛的应用**

图2-2 **电波的特性："细长"与"短粗"**

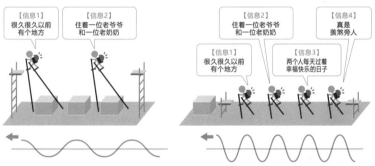

【信息1】
很久很久以前
有个地方

【信息2】
住着一位老爷爷
和一位老奶奶

【信息2】
住着一位老爷爷
和一位老奶奶

【信息4】
真是
羡煞旁人

【信息1】
很久很久以前
有个地方

【信息3】
两个人每天过着
幸福快乐的日子

右脚(电场)向前迈出(发生变化)后，接下来左脚(磁场)向前迈出(发生变化)。不断重复向前迈进这一过程。
步幅(波长)×单位时间内的步数(频率)等于移动速度等于光速(1秒绕地球7圈半)

"又长又细"的高跷

• 步幅(波长)较长。即使走得慢，也走得远
• 可以很轻松地走很远的距离
• 因为步行的间隔长，因此每次能搬运的行李(信息)也少
• 多少障碍物都能跨过去
• 上下高跷时需要很长的梯子(天线)

"又短又粗"的高跷

• 步幅(波长)较短。快速行走，用步数争取距离
• 走起来比较累，因此走不了很远的距离
• 步伐小，因此可以搬运更多的行李(信息)
• 遇到障碍物就只能停下来
• 上下高跷时只需很短的梯子(天线)

◀ 波长较长的电波(低频率)

虽然传播距离很远，但是能携带的信息量很少，
即使中间有些障碍物也能穿透

◀ 波长较短的电波(高频率)

虽然能携带更多的信息，但是无法传播很远，
如果中间遇到障碍物就会被挡住

知识点

✐ 无线电波是在多个领域有着广泛应用的时代的宠儿。

✐ 无线电波的传播方式会随着频率（与波长成反比）的变化而发生变化。

✐ 手机使用的无线电波的频率，需要在手机到基站的距离与传输的信息量之
间取得较好的平衡。

» 无线电波——大家一起使用

大家一起使用

无线电波的分配与地铁里长椅的分配很相似，为了让更多的人坐下，就需要彼此挤一点坐，但是如果太挤又会很局促，所以设置座位时要在节约空间的同时保持适当的间距（图2-3）。

无线电波也是一样的，如果在一个地方同时使用就会出现干扰，为了让有需要的人可以在需要的时间和地点使用到足以满足其需求的无线电波，**就需要事先对无线电波的种类根据使用场所和使用时间进行合理的分配。**

频率的分配

图2-4中显示的是日本频率的分配情况，图中以手机所使用的频段为中心，显示了 600MHz~60GHz[注2]无线电波的分配情况。

图中的横坐标是对数刻度，相同宽度的频带左右两端的频率比（相除的结果）在图中的任意位置都是相同的。

图中纵坐标显示的是应用领域（无线业务）。可以看到，在很多领域中都需要使用无线电波。有时无线电波也需要跨国使用，首先是在世界范围内协商使用，然后在此基础上具体划分国家和地区的无线电波使用方式。

图中最上方的蓝色区域是手机使用的频段[注3]。蓝色部分的合计宽度略低于图中对数刻度整体宽度的20%（比例）。这些频段被大量的手机以"分摊"的方式高效地利用着。

在无线电波的实际使用中，**为了避免电波相互干扰，分配的频段之间设置了最小限度的"间隙"。**此外，在共享重复分配的频段时，需要根据使用时间、使用地点进行合理规划和调整。这与高峰时段地铁中座位的使用情况很相似，座位之间必须保持最低限度的间隙，乘客根据不同的位置（上、下车区间）和时间使用座位。

[注2] 1MHz是1秒振动100万次，1GHz是1秒振动10亿次。
[注3] 包括700 ~ 900MHz、1.5 ~ 2GHz、3.5GHz以及5G使用的3.7GHz、4.5GHz、28GHz等频段。

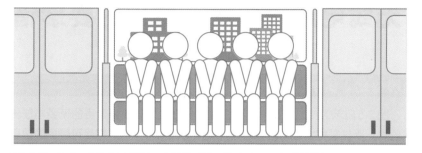

图2-3   "地铁长椅法则"：坐的时候稍微挤一挤

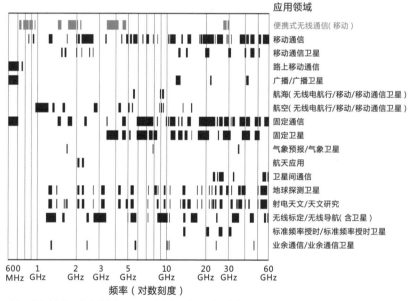

图2-4   频率的分配情况（日本）

应用领域

便携式无线通信(移动)
移动通信
移动通信卫星
路上移动通信
广播/广播卫星
航海(无线电航行/移动/移动通信卫星)
航空(无线电航行/移动/移动通信卫星)
固定通信
固定卫星
气象预报/气象卫星
航天应用
卫星间通信
地球探测卫星
射电天文/天文研究
无线标定/无线导航(含卫星)
标准频率授时/标准频率授时卫星
业余通信/业余通信卫星

600
MHz
1
GHz
2
GHz
3
GHz
5
GHz
10
GHz
20
GHz
30
GHz
60
GHz

频率（对数刻度）

引自：总务省根据无线电波的使用页面"频率分配计划检索"中的数据绘制

知识点

∥为了防止无线电波相互干扰，目前采用了根据使用目的选择适当的频段的
分配机制。

∥无线电波的分配中没有留间隙，一部分频段还会被重复使用。

∥手机使用的是700MHz～28GHz的几个频段。

» 无线电波很珍贵，使用时要珍惜

瘦身化、挤挤打包、可靠的运输

图2-5所示为传输人类声音时的通信原理。为了使用珍贵的无线电波传输信息，手机是**将大量的信息压缩到有限的频率带宽中，将尽可能多的信息压缩打包并传输**的。

具体的实现方式是先将人类的声音通过麦克风等装置转换为电子信号，然后对其进行编码，将其数字化，以便传输。这种情况下，为了尽可能以较短的编码（少量的字符数）表示必要且充分的信息，就需要对数据进行"瘦身"处理。关于人类声音的编码原理，我们将在2-4节中进行讲解。

由于使用无线电波传输信息时，会发生无线电波的衰减、杂音和干扰重叠等情况，因此**为了正确且可靠地将编码传输出去，就需要对编码进行处理**。然后，根据需要传输的编码（字符）对无线电波的波形进行变形（调制）并传输。这里也使用了节约无线电波的频率带宽的"压缩打包大法"。我们将在2-5节中进行具体的讲解。

在接收端会按照与发送端相反的顺序，从编码中恢复电子信号，并通过扬声器再现与发送端的人的声音相对应的声音。

挤挤打包占地少

图2-6（a）所示的是每代手机系统的**最大传输速度**和所使用的无线电波的**频率带宽**（粗细）[注4]。

如图2-6所示，将前者除以后者计算得到的数值越大，传输信息时的**频率利用效率**就越高。从第1代到第5代手机的最大传输速度已经提高了约1亿倍，当然也增加了使用的频率带宽，但是带宽增加了约1万倍，比最大传输速度的提高少了4个数量级，如图2-6（b）所示，从第1代到第5代的频率利用效率提高了数千倍。

手机技术的进步，可以说体现在**如何更加巧妙地使用有限的无线电波资源高效地传输大量信息**。

[注4] 展示的是从在1-3～1-4节、1-6～1-10节中介绍的第1～5代手机系统中分类的实际系统（一部分）的图形中提取的值。

图2-5　传输声音时的通信原理

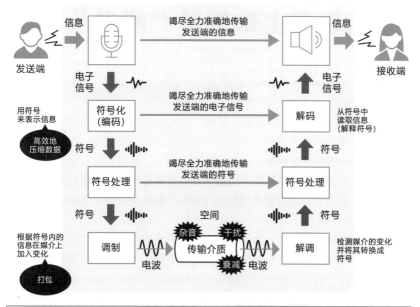

图2-6　通信系统的最大传输速度、无线电波的频率带宽和频率利用效率的分配情况（日本）

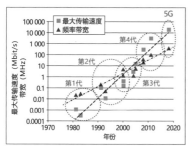

（a）最大传输速度与频率带宽

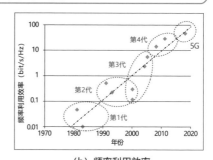

（b）频率利用效率

知识点

✐使用有限的无线电波资源高效可靠地传输信息是非常重要的。

✐需要想方设法节省无线电波的频率带宽并传输更多的信息，并且在有杂音和干扰重叠的条件下也能够可靠地传输信息。

✐为了有效利用有限的无线电波资源高效地传输信息，手机技术仍在不断发展和进步中。

≫ 原始信息上来就是"瘦身"

将连续变化的信号编码

在2-3节中，我们对编码的"瘦身"以使用人类声音信号的编码为例进行了说明。麦克风将声音转化为电子信号（图2-5）的波形，波形根据声音的高低大小连续地发生变化。这类信号可以用一定幅度和重复周期的多个波形的叠加来表示。其中**只需使用比最高音的重复周期的一半更短的间隔测量原始波形的高度，就可以使用该数值（图2-7中箭头的长度信息）再现原先的波形**（图2-7左侧）。

在实际的编码过程中，为了去除比人类声音更高的信号成分，会采用平滑化处理，之后再使用比最高音的重复周期更短的间隔来测量信号波形的高度并进行编码。例如，如果要对胡萝卜的轮廓进行编码，就需要先将多余的须根去掉（平滑化），再切成胡萝卜片（标本化），最后对直径进行测量、处理（图2-7右侧）。

人类声音是从"中间的咪"到"右边的嗦"

普通手机的语音通话是将人类声音平滑化到300Hz ~ 3.4kHz范围内的声音[注5]再进行传输。这相当于从钢琴键盘中间的咪到约高3个八度的嗦的音调范围（图2-8）。将编码后的语音信号信息先改写成对应音高的音符和音符的强弱，以及演奏时间信息的"乐谱"，再进行传输，接收端则会通过"乐谱"再现原始语音实现高效传输[注6]。

手机则更加便捷，会在接收端配备模仿人的喉咙和嘴巴发声机制的"管弦乐队"角色，而在发送端，"乐队指挥"会对声音进行分析并将指示信息发送给接收端的"管弦乐队"来巧妙地再现语音信息，这个过程中使用了**绝妙的信息节约机制**（参考6-4节）。

[注5] 300Hz是指每秒300次空气振动，3.4kHz是指每秒3400次空气振动（声音）。

[注6] 在保证语音通话品质的同时，将传输的信息量大幅压缩。

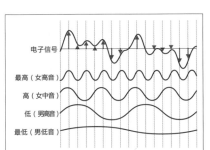

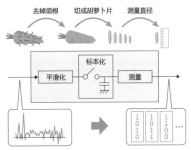

图2-7 ··········· **将连续变化的电子信号编码的原理**

量化胡萝卜的形状

去掉须根　　切成胡萝卜片　　测量直径

电子信号

最高（女高音）

高（女中音）

低（男高音）

最低（男低音）

平滑化　　标本化　　测量

量化电子信号（连续变化量）

图2-8 ··········· **将人类声音（对话）编码**

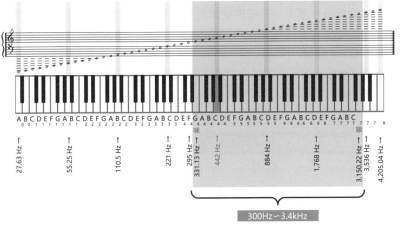

27.63 Hz

55.25 Hz

110.5 Hz

221 Hz

295 Hz

331.13 Hz

442 Hz

884 Hz

1,768 Hz

3,150.22 Hz

3,536 Hz

4,205.04 Hz

300Hz～3.4kHz

语音通话时处理的人类声音的频率范围
大致为钢琴键盘的右半部分

※图中的频率是平均律、音高442Hz、88键时

知识点

🖉 像语音信号等连续发生变化的信号，只需使用比最高音分量的两倍高音的
周期更短的间隔进行编码处理，即可重现。

🖉 人与人之间的对话是从钢琴键盘中间的咪到约高3个八度的嗦的音调范围
内进行传输的。

🖉 远程指挥模仿喉咙和嘴巴的"管弦乐队"并发声（超级信息节约大法）。

》 将压缩后的信息打包发送

如果要打的包多，则会很忙

在图2-5所示的无线电波的"调制"中，我们讲解了**通过改变无线电波的波形的开始时间和强弱来表示需要传输的信息（字符的种类）**。

如果以图2-9所示的乐谱为例，最简单的调制是使用2拍（每小节两个四分音符）在一个小节响一次的方式。如果传输的信息是0，就在第1拍响；如果是1，就在第2拍响。可以通过这两种方式传输0或1这两种类型的信息（1位二进制数）[注7]。

如果将音长减半，并将速度加倍（4拍），将4个音符放在一个小节中，那么一个小节中就有4个拍子，因此总共有4种方式表示[0和1组合的二进制（2位二进制数）]信息。

除了2拍的拍子的位置，再通过声音强弱的区分和对上下两段的乐谱导入两种乐器，总共可以表示16种信息[注8]。

塞到空着的小节里

如图2-10所示，考虑如何表示10110100这个二进制数字。最简单的2拍总共需要8个小节的音符，两倍速的4拍则只需4个小节，2拍＋音的强弱＋上下2段结构只需2个小节便可以表示。

由于信息的传输时间变短，因此可以实现**高速传输**。并且，空节还可以传输其他信息，因此可以对珍贵的无线电波资源实现2倍或4倍的高效利用。

我们将对单位时间（1小节）内传输信息的无线电波的变化（细微的音的变化）进行压缩传输的方法称为**高阶调制**。但是，**方法越复杂，就越需要精准的、超高水平的演奏（发送）和先进的识别（接收）技术**。由于在大量干扰和杂音下，要在极短的时间差内识别并提取正确的信息会更加困难，因此需要配合使用各种补偿机制。

[注7] 在单位时间内将信号的相位（时间早或晚）转换为两个或四个传输信息的调制方式，分别为BPSK（Binary Phase Shift Keying）和QPSK（Quadrature Phase Shift Keying）。

[注8] 针对相当于两种乐器的两种信号，通过相位与信号大小的组合，共计4种变化方式，再将两个信号组合，在单位时间内合计使用16种变化进行信息传输的调制方式被称为16QAM（16Quadrature Amplitude Modulation）。

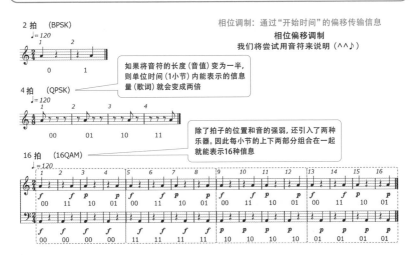

図2-9　使用"拍子的位置"和"强弱"的组合传输信息

相位调制：通过"开始时间"的偏移传输信息

相位偏移调制
我们将尝试用音符来说明（＾＾♪）

如果将音符的长度（音值）变为一半，则单位时间（1小节）内能表示的信息量（歌词）就会变成两倍

除了拍子的位置和音的强弱，还引入了两种乐器。因此每个小节的上下两部分组合在一起就能表示16种信息

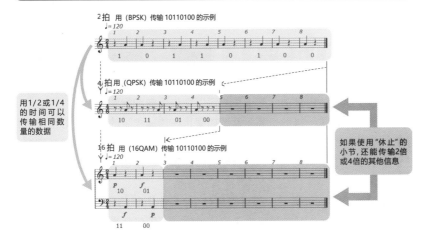

图2-10　使用不同的方法传输10110100这一信号（歌词）

用1/2或1/4的时间可以传输相同数量的数据

如果使用"休止"的小节，还能传输2倍或4倍的其他信息

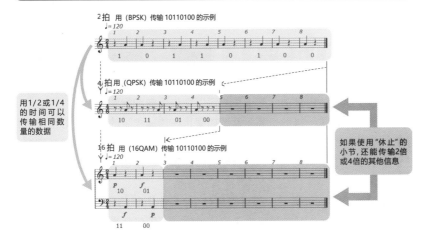

知识点

✎ 调制是根据传输的信息（字符）对无线电波的波形进行变形的操作。

✎ 以相同的时间进行精细的"变形"就可以传输更多的信息。

✎ 由于细微的"变形"对轻微的干扰很敏感，只有十分先进的发送信号或接收信号的技术才能实现。

》 打包好后再找合适的快递

在高速公路上当然跑车最快

在2-5节中，我们讲解了利用高阶调制将大量的数据压缩并进行高效传输的原理。另外也讲解了在高阶调制中，如果在干扰和杂音较多的情况下，要想正确地传输信息就需要下一些功夫。

有关"下功夫"的内容，我们将在2-7节中进行讲解，本节我们将对调制方式与传输线路条件之间的关系进行简单的介绍。

如图2-11所示，我们将各种调制方式比喻成车辆。跑车可以像可执行高速传输的高阶调制（高速度的调制）那样，在高速公路上高速行驶。另外，低阶调制（2-5节中最简单的调制）则是像卡车那样以非常缓慢的速度进行传输。

在崎岖道路上还是卡车靠谱

但是，如果是像图2-12所示的崎岖道路，情况就不一样了。跑车在这样的道路上是无法行驶的，而卡车却可以稳步地向前行驶。

调制方式也是一样的，高阶调制如果是在传输线路的条件良好且干扰和杂音较少的情况下，则可以实现高速传输；但如果条件恶劣，则可能完全无法传输信息。低阶调制则是**即使传输线路的条件较差也可以以一定的传输速度传输信息**。

无论是上述哪种情况，都可以通过2-7节中讲解的各种措施进行改善，除非在适合原始调制特性的条件下进行传输，否则仍然难以实现高效的信息传输。

一边移动一边通信的手机的传输线路所需具备的条件会根据当时的通信场所的状况和时间段发生变化。但是由于并不存在万能的调制方法，因此实际使用的是根据当时传输线路的具体情况，自动切换到最合适的调制方式进行信息传输的自适应调制机制。

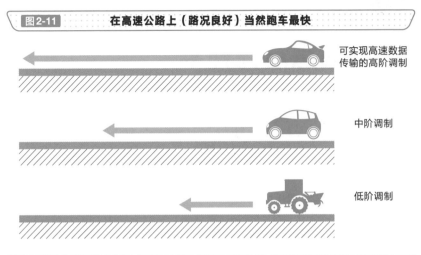

图2-11 在高速公路上（路况良好）当然跑车最快

可实现高速数据
传输的高阶调制

中阶调制

低阶调制

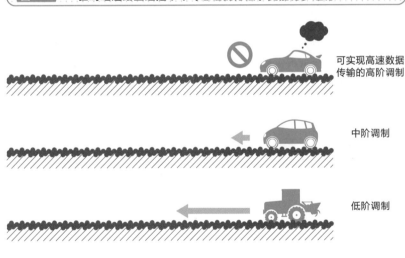

图2-12 在崎岖道路上还是卡车（靠谱的方法）更能稳步通行

可实现高速数据
传输的高阶调制

中阶调制

低阶调制

知识点

✎当传输线路状况良好时，选择高阶调制进行高速的信息传输；当传输条件
恶劣时，则选择低阶调制进行可靠的信息传输。

✎手机使用的是根据传输线路的状态，切换到最合适的调制方式的自适应调
制机制。

》 收到信息后先摆平

使用加热不均匀的电烤箱的结果——变形

如图2-13（a）所示，将无线电波传输的空间比喻成加热不均匀的电烤箱，并显示了将写在会热胀冷缩材料上的字符通过电烤箱时的样子。电烤箱加热不均匀使字符在通过的过程中发生变化，在横向（无线电波的频率方向）上也会发生变化，因此在出口（接收端）处的字符会在纵向、横向、斜向上发生变形。

图2-13（b）是电烤箱加热不均匀（无线电波在传输的空间受到的干扰等造成的失真）的具体分布情况，在同一材料中印刷了很多箭头。从出口处的箭头变形情况可以看到加热不均匀对每个位置上的箭头带来的影响。

观察箭头的变化就可以知道，横向（频率方向）和纵向（时间方向）相邻位置上的箭头会根据失真的方向和长度在变形的同时发生变化。

但是，上面的方法只是用来做试验，实际要传输给接收端（电烤箱的出口处）的并不是毫无意义的箭头，而是原始的信息（字符块）。

找出不平，纠正变形

如图2-13（c）所示，我们在**发送端（电烤箱的入口）将需要发送的字符加上记号进行打印**。虽然打印更多的记号能更准确地把握加热不均匀的情况，但是每次发送的字符数量也会减少，因此需要在能够掌握变形情况的合适的纵向、横向、斜向的间隔上进行打印。

接下来我们将在电烤箱的出口处（接收端）检查加上记号的位置（蓝色框）上的信息的失真情况。之后，对纵向、横向、斜向上相邻的记号的失真情况进行比较，并估测中间（行距）位置的失真情况。

最后使用该估测结果，通过能够刚好消除每个字符位置上的失真情况的冷却炉在接收端恢复原始的正确的字符串，如图2-13（d）所示。类似这样对电烤箱加热不均匀所进行的估测被称为**传输线路的信道估测**，消除失真的处理则被称为**传输线路的失真补偿**。

图2-13 使用「拍子的位置」和「强弱」的组合传输信息

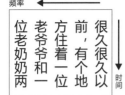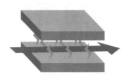

(a)通过加热不均匀的电烤箱后发生的变形

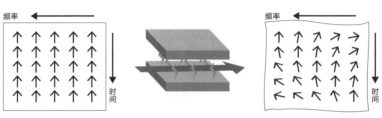

(b)让带有方向的箭头通过电烤箱就能知道加热的均匀程度

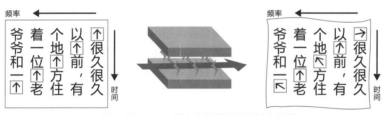

(c)按一定间隔加入带方向的箭头再通过电烤箱

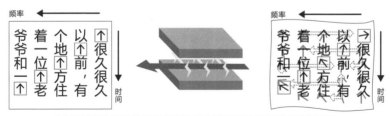

(d)根据箭头位置的倾斜程度估测电烤箱的均匀程度并修复变形

知识点

✎ 使用无线电波传输信息时，会在时间方向和频率方向上出现失真情况。

✎ 为了估测失真的程度，需要加入作为记号的信号来进行传输。

✎ 然后，根据记号的失真程度估测并补偿其他位置上的失真。

》路若不平，则用备胎

"天书"的诞生（让人哭笑不得的乱码）

在实际应用中，也会发生根据2-7节中讲解的"通过传输线路的信道估测补偿失真"也无法纠正的传输错误。因此，为了防止类似情况的发生，就需要进一步对图2-5中的发送端和接收端进行编码处理。

如图2-14所示，从发送端传输6个字符，3次中有1次会发生传输错误的情况。传输后的结果就是6个字符中有2个字符是错误的，最终收到的字符串变成了"太雨倾皿我不（管？）"这样的"天书"。

少数服从多数（添加冗余信息再传输）

为了避免发生这类错误，需要使用错误纠正技术。这是一种根据发送端的规则**添加少量的多余（冗余）的信息进行传输，并在接收端根据该规则检查传输线路中发生的字符错误，并自动进行纠正**的技术。

如图2-15所示，从发送端将1个字符重复3遍发送。在接收端则因崎岖道路（条件恶劣的传输线路）的影响，3个字符中有1个字符是错误（字符乱码）的。但是，由于接收端知道3次都重复发送同一字符，因此会以3个字符为单位采取"少数服从多数"的方式出色地再现原始的正确字符。

由于"少数服从多数"的方式在传输1个字符时需要额外地传输重复的2个字符的冗余信息，因此会浪费珍贵的无线电波。不过在实际的手机系统中，采用了最新的数字技术，可以实现以更少的浪费（添加冗余信息）和更加高效的方式进行错误纠正。

通常情况下，加入的冗余信息越多，纠错能力（性能）越强，因此在实际的手机中也会采用**根据传输线路条件动态切换合适的纠错技术的机制**。

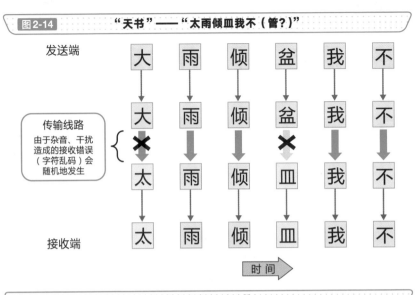

图 2-14 "天书" —— "太雨倾皿我不（管?）"

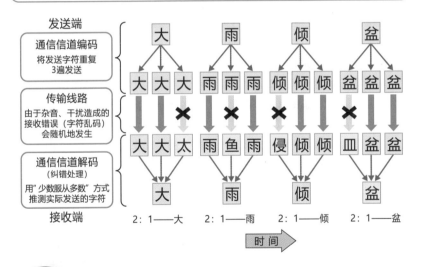

图 2-15 "少数服从多数"

知识点

✎ 在实际应用中，也会发生通过 "传输线路的失真补偿" 无法纠正的错误。

✎ 可以添加少量的冗余信息进行传输，并在接收端纠正错误信息。

✎ 根据传输线路条件切换使用最合适的错误纠正方法。

» 路太难走，那就分散运输

错误也可以很有规律

2-8节中讲解了纠正传输错误技术的相关概念。但其前提是传输错误是以一定的比例并且在时间单位上（毫无偏差地）均匀地发生，而在实际的手机通信中，由于手机的移动和周边环境的影响，容易发生传输错误的时间段和良好的通信状态在时间轴上成"块"地出现。

如果是这样的情况，那么即使采用3：1的"少数服从多数"的方式，也会因为局部连续的3个字符中的2个字符发生错误而导致无法正确地纠正错误，从而无法接收到正确的字符（图2-16）。

打乱顺序发送，收到后再恢复顺序

为了应对这样的情况，就需要以2个字符为一组，并将每组重复后得到的6个字符的**顺序交换后再进行传输**。

传输错误的发生，也与图2-16中一样，是块状的。在接收端**通过与发送端相反的顺序重新排序后，再采用"少数服从多数"的方式**进行处理。在传输线路中的时间轴上以3个字符中有2个字符是乱码的比例呈块状发生的错误，通过调换顺序并以"少数服从多数"的处理单位进行分配。由于"少数服从多数"的方式是判断3个字符中的1个字符乱码，因此可以顺利地再现正确的字符（图2-17）。

像这样在发送端交换字符顺序的操作被称为**数据交织**，而在接收端恢复原始字符顺序的操作则被称为**数据解交织**。

实际的手机是根据传输错误发生的时间长短来设置交换单位的。此外，由于是将字符（信息）累积到与交换顺序所需的字符长度相等后才开始执行交换处理，因此**毫无逻辑地对长字符进行交换顺序处理，可能会成为信息传输出现延迟的原因**。因此，数据交织的处理单位需要在考虑传输错误的偏向性与传输延迟之间的平衡后再进行设置。

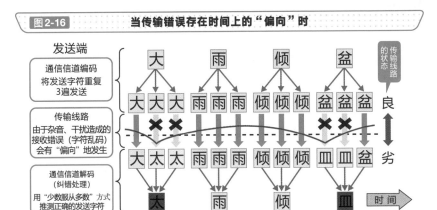

图 2-16 当传输错误存在时间上的"偏向"时

发送端

通信信道编码
将发送字符重复
3 遍发送

传输线路
由于杂音、干扰造成的
接收错误（字符乱码）
会有"偏向"地发生

通信信道解码
（纠错处理）
用"少数服从多数"方式
推测正确的发送字符

接收端

大　雨　倾　盆

大 大 大　雨 雨 雨　倾 倾 倾　盆 盆 盆　　良

大 太 太　雨 雨 雨　倾 倾 倾　皿 皿 盆　　劣

太　　雨　　倾　　皿　　时间

1：2——太　　3：0——雨　　3：0——倾　　1：2——皿

传输线路的状态

图 2-17 打乱顺序再发送

交错的单位
（每2个字符）　　　　交错的单位
（每2个字符）

发送端

通信信道编码
将发送字符重复3遍
再交换顺序后
发送

传输线路
由于杂音、干扰造成的
接收错误（字符乱码）会
有"偏向"地发生

通信信道解码
（纠错处理）
先恢复顺序再用
"少数服从多数"方式
推测正确的发送字符

接收端

大　雨　　倾　盆

大 雨 大 雨 大 雨　倾 盆 倾 盆 倾 盆　　良

大 鱼 太 雨 大 雨　倾 盆 倾 皿 侵 盆　　劣

大　　雨　　倾　　盆

2：1——大　　2：1——雨　　2：1——倾　　2：1——盆

交错的单位
（每2个字符）　　　　交错的单位
（每2个字符）

时间

传输线路的状态

知识点

✎ 在手机的传输线路中，传输错误可能会有"偏向"地发生。

✎ 在发送端交换字符顺序后发送，并在接收端恢复原始顺序，就可以将"偏向"发生的传输错误通过纠错处理单位进行均一化。

✎ 对较长范围的字符进行顺序交换，会造成传输延迟的发生，因此需要设置合适的长度。

» 实在无法纠正就换家"快递"

有时明明很努力了，但是还是无法纠正

通过错误纠正和数据交织都无法修复的、较长的无线电波的传输线路上发生错误的情况如图2-18所示。在这种情况下，通过错误纠正（少数服从多数）已经无法正确修复所接收的错误字符。一般情况下，错误纠正处理本身无法判断纠正（少数服从多数）后的结果是否正确。

错误检测

我们需要设置一个判断错误纠正处理的结果是否正确的机制。在图2-18的示例中，在发送端以每3个字符为单位计算了字符笔画总数，并将得到的结果的第一位数字作为信息添加，将其与其他字符一同发送。

可以看到由于传输错误发生的区间较长，接收端在进行错误纠正后还是出现了字符乱码，接收端会将字符笔画总数的第一位数字进行比较，当两者不一致时，就会判断（错误检测）为没有正确执行错误纠正处理，并且没有正确接收信息。

重发一次

在实际的系统中还采用了这一机制：当接收端发现了在错误纠正处理中无法纠正的信息时，就会使用逆向信息传输手段请求发送端"重发一次（**再次发送**）"（图2-19）。发送端为了重新传输会保留初次发送信息的副本（复制）（❶）。当初次发送（❷）失败，接收到再次发送的请求时（❸）就会再次重新发送（❹）。再次重新发送时如果线路状态良好，这次就可以正确地接收信息。

由于再次重新发送会增大整体的传输延迟，不适合用于语音通话，但是对于通过电子邮件发送字符信息等**优先考虑信息的准确性，且不介意有少许传输延迟的通信而言，这是一种非常有效的机制**。

图 2-18　　　　　　检测无法修复的错误

错误检测的单位[3个字符（实际的信息）+1个字符（错误检测用的字符）]

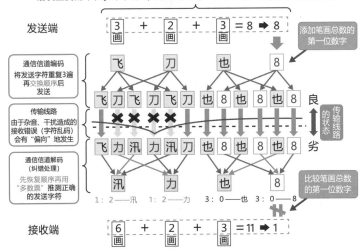

发送端

通信信道编码
将发送字符重复3遍
再交换顺序后
发送

传输线路
由于杂音、干扰造成的
接收错误（字符乱码）
会有"偏向"地发生

通信信道解码
（纠错处理）
先恢复顺序再用
"多数票"推测正确
的发送字符

添加笔画总数的
第一位数字

传输线路
的状态

良

劣

比较笔画总数
的第一位数字

接收端

图 2-19　　　　　　请求再发送（重新发送）一次

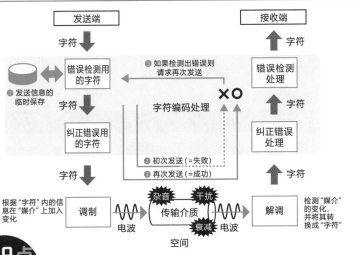

知识点

在纠正错误时遇到无法纠正的传输错误，可以通过错误检测机制进行检测。

接收端检测出错误后向发送端申请再次发送。

再次发送适用于优先考虑信息的准确性，且不介意有少许传输延迟的通信中。

》 遵守秩序、保持安静

俗话说"过犹不及"

在本节中，我们将对无线电波的强弱与传输距离之间的关系进行讲解。通过空气的振动（波动）将人的声音传输给站在远处的人时，声音太小就传输不到，声音太大又会消耗过多的体力，还会形成噪声（图2-20）。

声音太小听不到，声音太大又成干扰

无线电波以波的形式在空间中传播，在传播的过程中会**逐渐衰减**，最后变得小到无法接收。

根据手机的所在位置，无线电波会随着与通信双方的基站距离（传输距离）变化而随时发生变化。如果是相距较远的地点之间的通信，不使用较大的功率发射可能无法送达无线电波，而较近的地点之间进行通信时，如果使用过大的功率发射则不仅会浪费手机的电池电量，而且会干扰其他无线电波的接收动作，对其产生负面影响。

调整传输功率

因此，我们需要在接收端监视接收到的无线电波的强度，当电波较弱时就增加发射功率，当电波较强时则减弱发射功率，将这样的指示发给通信对象（发送端），令其对无线电波进行调整，使接收的无线电波以恰到好处的强度被接收（图2-21）。我们将这一处理称为**传输功率控制**。

处理后的结果就是，将发射功率调整到除了可以抵消传输距离远近的影响之外，还可以抵消阻碍无线电波传输的建筑物的影响。

在跟一个与多部手机通信的基站进行通信的手机中，从最大化系统通信容量的角度出发，**每部手机都保持秩序并以合适的发射功率合规地进行通信，并尽量减少整个系统中不必要的电波干扰发生**是非常重要的。

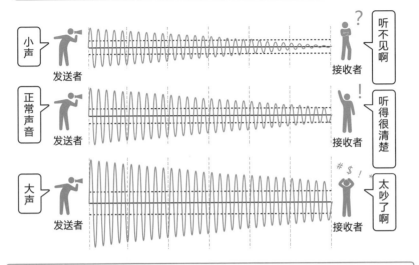

图 2-20　声音太大或太小都不合适

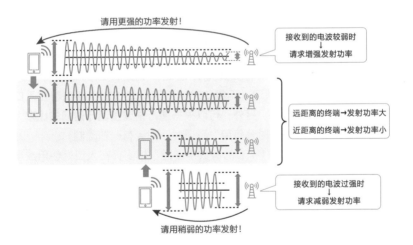

图 2-21　较远的终端加大功率、较近的终端减小功率

知识点

✐ 无线电波在空间传输的过程中会逐渐衰减。

✐ 通过控制传输功率可以实现以恰到好处的发射功率进行通信的目的。此外，尽量减少电波干扰的发生，可以提高整个系统的通信能力。

» 上行与下行的交通管理

有线电话的"喂！喂！"与"在！在！"

在本节中，我们将对双向通信的处理进行讲解。用一对有线电话进行通话时，当一方说"喂！喂！"时，通话的双方会切换（从口到耳、从耳到口）有线电话，并回复"在！在！"这样进行交替通话。但是这样的通话形式并不方便，当需要交互式同步通话时，就必须再准备一对有线电话（图2-22）。

无线通信的"喂！喂！"与"在！在！"

手机的无线通信是手机与基站（无线基站）进行**双向通信**。基站向手机发送信息的通信称为下行通信；手机向基站发送信息的通信则称为上行通信。上行与下行的双向通信使用的是**时分复用**或**频分复用**。

时分复用是按照时间将同一频段划分，通过上行与下行交替切换实现有效的双向同时通信。如果将其比喻成道路，就是隧道的单向交替通行[图2-23（a）]。但是当隧道（无线传输的距离）较长时，存在着在入口处的等待时间会变长的缺点。另外，可以根据通行流量**调整通行时间的比率**（但是，当存在相邻的其他"时分复用"隧道时，则会有一些限制）。

在实际的通信中，与1-7节的"数字隧道"相同，在入口处使用数字技术将车辆（信息）在时间方向上进行压缩后再传输，并在出口处进行数据还原。

频分复用是在上行和下行方向上挖掘专用的隧道，实现同时通行的方法[图2-23（b）]。由于不会产生等待时间，因此即便是长距离的隧道（传输）也不会有什么问题。但是**需要同时使用两条隧道（频段）**，因此要确保道路的宽度（较粗的传输线路）。

包括5G在内的手机系统会根据使用频段的宽度（隧道的空间）和传输距离（隧道的长度）有选择地使用时分复用和频分复用方式。

图 2-22　交替通话与交互式同步通话

交替通话

"喂！喂！"　　　　　　"在！在！"

交互式同步通话

"喂！喂！　在！在！"

图 2-23　手机频段的复用方式

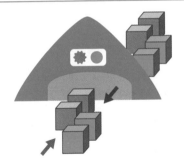

😊 上下行共用一条隧道

☹ 上下行交替通行
　⇒ 适合较短的隧道

时分复用
(a)

☹ 需要上下行专用隧道
　⇒ 适合小型车辆

😊 上下行可同时通行

频分复用
(b)

知识点

✎ 手机是在上行方向和下行方向进行交互式的双向通信。

✎ 时分复用是根据时间区分上行通信和下行通信，而且可以改变时间比率。
　由于切换通信方向时会产生间隙时间，因此适合短距离的无线数据传输。

✎ 频分复用是根据频率区分上行通信和下行通信，即使传输距离较长也可以
　应对，但是需要上行和下行两个专用频段。

开始实践吧

思考无线电波的传输范围

在图2-2中，我们讲解了频率越高的无线电波，其传输范围越小。此外，在图2-21中，讲解了通过调整无线电波的发射功率，能够以恰到好处的强度将无线电波传输给对方的机制。

下图所示是使用平均模型计算无线电波在穿过城市时强度变化的示意图。横轴表示与发射无线电波的天线（A）之间的距离，纵轴表示电波的衰减量，数值每增加10，无线电波的强度就会衰减1/10。

在使用相同功率发射时，当无线电波衰减到图中135dB（虚线）的距离时，频率为28GHz时，距离大约是300m（B）；频率为3.5GHz时，则距离大约是860m（D）。由于频率较高，因此传输距离较短[注9]。

那么，在500m的位置（C）如何使每个无线电波具有135dB（虚线）的强度呢？

频率为3.5GHz的线路，在C点的纵轴刻度上的衰减小于10dB，因此只要将无线电波的强度降低到该值的1/10传输，就是刚刚好的强度。相反，频率为28GHz的无线电波在纵轴刻度上有10dB的大量衰减，因此大家应该知道要怎么做了[注10]。

[注9]　假设发送器和接收器的性能相同，仅对不同频率的电波传输的差进行比较时的示例。

[注10]　将28GHz频率的电波的发射功率增加10倍。

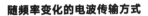

随频率变化的电波传输方式

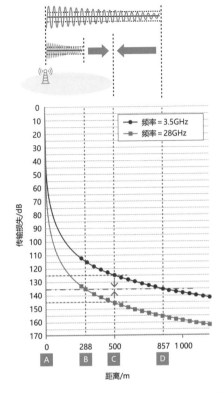

引自：高于平均建筑物高度的传输路径的通用传输模型，在300MHz到100GHz频率范围内规划短距离室外无线通信系统和无线局域网的传输数据及其预测方法,ITU-R P.1411-10(2019)

第 3 章

5G是无线电波高手

5G为了更好地利用无线电波所做的努力

» 实现更"粗"的无线电波

狭窄的空地

为了通过无线通信传输海量信息，就需要使用较宽的频带。另外，由于适合移动电话使用的频段也被用于其他不同的应用领域中，因此可扩展使用的空间是有限的（参考2-2节）。

如果将其比喻成在高山上挖掘隧道，那么就相当于较低的山脉已经挖通了很多隧道，因此处于一个已经没有多余的地方可用于开拓新的宽阔路面的状态。如果这时要开辟新天地，就需要逐步向更高、更大的山拓展来挖掘更宽的隧道，从而建设具备更多车道的道路（图3-1）。

开辟新天地

在5G中，使用的是比传统移动电话系统频率更高的被称为**毫米波波段**[注1]的频段，可以利用几百兆赫幅度的**频带实现高速数据传输**。图3-2中展示了第4代（LTE）和第5代（NR）移动电话系统的国际标准规范中规定的全世界（包括日本）的无线电波频段。此外，图中的刻度是以对数显示的频率[注2]。

从图3-2中可以看到，第4代（灰色线）使用的是低于6GHz的频段，而5G（蓝色线）则在30GHz附近增加了超过几百兆赫幅度的频段，并将其作为使用对象。

要使用毫米波波段，**需要使用复杂的技术并设法降低设备功耗**，因此5G中采用了最前沿的科技且能够经济高效地进行通信的机制。此外，与在高山上挖掘隧道需要考虑保护自然环境一样，**为了与使用这一频段的卫星通信和射电天文等无线系统共存，需要十分谨慎地设置和运用5G网络**。

在3-2节中，我们将对能高效地进行通信的5G网络中所应用的若干技术进行讲解。

[注1] 无线电波为30GHz（波长10mm）到300GHz（波长1mm）的非常高的频率、波长为毫米量级的波段。
[注2] 1MHz、1GHz分别表示每秒内振动100万次和10亿次。

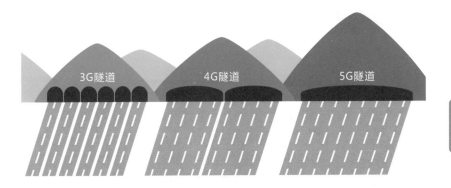

图3-1　在未开拓的高山上挖掘宽阔的隧道

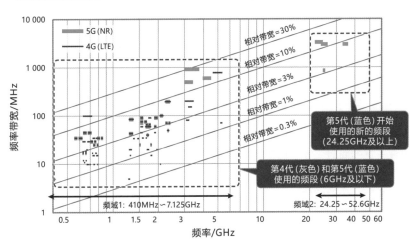

图3-2　国际标准规范（移动电话）的频段（对数刻度）

引自：3GPP TS36.101，用户装置的无线收发特性规定（LTE）（V.15.4.）2018-10

3GPP TS38.101-1，用户装置的无线收发特性规定（5G新无线方式一、频域1/独立运用型）（V.15.3.0）2018-10

3GPP TS38.101-2，用户装置的无线收发特性规定（5G新无线方式二、频域2/独立运用型）（V.15.3.0）2018-10

知识点

✐5G中为了利用更宽的频段，采用的是高频率的无线频段。

✐使用毫米波波段时，需要引入复杂的最前沿的科技，并设法降低设备功耗。

✐部署和运用5G的前提是保证与使用同一频段的无线系统和谐共存。

» 电波虽粗，但还要成捆发送

长袖善舞，但没袖子就尴尬了

图3-3是使用普通刻度（线性刻度）将图3-2重新绘制后得到的示意图。从图3-3中可以看到，无论传输中所使用的无线电波频率是高还是低，要传输一定数量的信息所需要的无线电波的幅度（频率带宽）都是一样的，因此想要在较低频段中挤出用于高速数据传输的带宽是非常困难的事情。

与邻居也要保持距离

在练习声响较大的乐器时，我们需要与邻居保持距离，或者进入具有隔音效果的房间[图3-4（a）和图3-4（b）]。如果是多人合奏，则需要较大且隔音效果较好的房间以及厚实的墙壁。要避免天花板和墙壁的扭曲变形，同时又具备大空间且隔音效果较好的房间，则需要使用先进的材料和施工技术[图3-4（c）]。

无线电波也是同样的道理，在不受相邻频率上正在执行其他任务的无线电波干扰的同时，要实现带宽共享的目的，就需要有一个间隙（保护频段）。为了缩小无用的间隙，则需要隔音性能良好的墙壁（滤波器）。即使是在更宽的带宽中传输信息，也需要尽可能地将间隙做得更小，并在传输信息的带宽内抑制信号失真（变形），因此**采用具有优异性能的部件材料和合适的技术**就变得极为重要。

成捆打包，每包更大

在第4代系统（4G）中，应用了一种传输信息的机制，每组无线电波以20MHz幅度为单位，并且在必要时还会将它们成捆打包在一起，即所谓的载波聚合[注3]机制。而在5G中，则是采用了将使用更高频段打包的单位设为最大400MHz，并将其捆包成最大16个的包进行传输的机制。在这里使用新型材料技术、高频无线利用技术使超高速数据传输成为可能。

[注3] 源自将输送信息的电波成捆打包（Aggregation）的称呼。

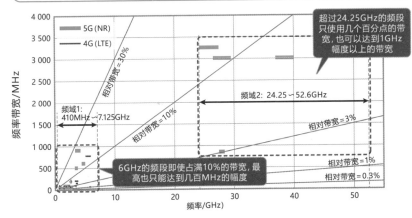

图3-3 国际标准规范（移动电话）的频段（线性刻度）

引自：3GPP TS36.101，用户装置的无线收发特性规定（LTE）(V.15.4.) 2018-10
　　　3GPP TS38.101-1，用户装置的无线收发特性规定（5G新无线方式一、频域1/独立运用型）(V.15.3.0)
　　　2018-10
　　　3GPP TS38.101-2，用户装置的无线收发特性规定（5G新无线方式二、频域2/独立运用型)）(V.15.3.0)）
　　　2018-10

图3-4 动静大就需要大房间和隔音墙

(a)相互间隔较远　　　　　　　　　　(b)分别使用不同房间

(c)由于合奏声音更大，因此需要更大的房间以及隔音效果更好的墙壁

知识点

📎 在实现高速数据传输时，宽带宽的高频段无线电波功不可没。

📎 在宽带宽中传输信息时，需要使用传输频段内失真小、能抑制相邻频率对
无线电波的干扰的先进部件材料和相关技术。

📎 在5G中使用的是比传统带宽高几倍的带宽。通过将它们成捆打包传输的
方式，可以实现超高速的信息传输。

≫ 电波的循环利用（回收）

使用与隔壁不同的频率

我们在1-6节中讲解交接的内容时，对"蜂窝式系统"这一术语进行了简要介绍。每个基站将自己的无线电波所到达的区域作为领地，并将其称为蜂窝。

一般情况下，彼此相邻的基站为了避免无线电波的相互干扰，会选择使用不同的频率[注4]。如图3-5所示，基站1使用频率1进行通信，相邻的基站2使用频率2，基站3则使用频率3，**都是使用与相邻基站不同的频率进行通信**。

当在基站1中进行通信的移动电话移动到相邻的基站2时，**基站之间就会在交接"接力棒"的一瞬间将频率从1切换到2，并继续进行通信**。

在隔壁的隔壁循环利用

仔细观察图3-5，可以看到从基站1发出的名为频率1的无线电波，会随着距离基站越来越远而逐渐衰减，当它穿过基站2进入基站3的管辖范围时，已经是非常微弱的无线电波了。

利用无线电波这一特性，我们就可以像图3-6展示的那样，将基站1中使用的频率1在间隔一个基站的基站3中循环（反复利用）利用。受使用的频段、传输功率和传输速度等因素的影响，无线电波实际的传播范围可能会更远一些，在这种情况下反复利用频率的间隔可能会加长。

像这样反复利用频率，大量的移动电话就可以被数量有限的无线电波（频宽）覆盖，这样就可以大幅度地提高整个通信系统的频率使用效率。

[注4] 如果使用1-8节中讲解的码分多路复用传输的机制，在一定条件下相邻的基站也可以使用相同的频率。

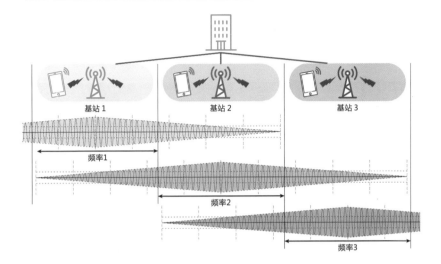

图3-5　使用与相邻基站不同的频率

基站1　基站2　基站3

频率1

频率2

频率3

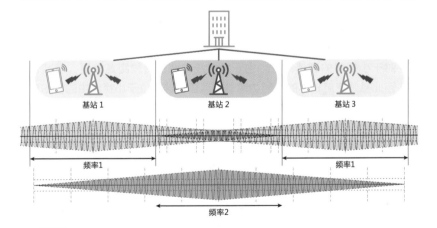

图3-6　间隔一个基站循环利用频率

基站1　基站2　基站3

频率1　频率1

频率2

知识点

∅ 彼此相邻的基站会使用不同频率的无线电波进行通信。

∅ 通信过程中，移动到相邻基站的瞬间会自动切换频率。

∅ 通过在相距较远的基站之间反复利用相同的频率，可以大幅度地提高整个
系统的频率使用效率。

» 与附近的人融洽共处

与隔壁协商共用频率

接下来，我们将继续对提高频率使用效率的内容进行讲解。在3-3节中，我们已经讲解了"相邻基站使用不同频率进行通信"，在本节中，我们将对相邻基站之间协商共用无线电波（频率）的原理进行讲解。

如图3-7所示，基站1、基站2分别使用频率1和频率2、频率1和频率3的无线电波进行通信。每个基站包含大小两种类型的蜂窝，较小的蜂窝负责覆盖离基站较近的区域，较大的蜂窝则负责覆盖到相邻基站（地盘）的边界处。在一个基站内，可以使用与大小两种蜂窝中的两部移动电话不同的频率进行通信。

我们将这样的基站的"双层别墅"架构称为**叠加**。

与隔壁协商共用频率

对于小蜂窝的通信来说，由于其无线电波的传输距离较短，衰减也更小，因此基站使用较小的发射功率进行通信。这对位于小蜂窝中的移动电话是足够进行通信的，但是如果这个无线电波越过大蜂窝的边界，去往相邻基站的小蜂窝的边界时会衰减。

利用无线电波的这一特性，相邻基站中的小蜂窝也可以反复利用相同频率进行通信。而大蜂窝之间则为了避免在蜂窝边界附近互相干扰，而采用不同的频率进行通信。

这样就通过两种不同的蜂窝组成了"双层别墅"的架构，通过**在小蜂窝中使用相同的无线电波**，就可以高效地循环使用无线电波。此外，在使用相同无线电波的基站之间，如果传输条件发生了变化，或者移动电话的移动导致产生无线电波干扰，系统还提供了一套让基站之间相互合作、对各自蜂窝内的信息进行共享、调整发射功率，或者控制切换到互不干扰的频率的（**基站间的协调**）机制。

图3-7　　　　　　　　　**使用基站"双层别墅"架构共用频率**

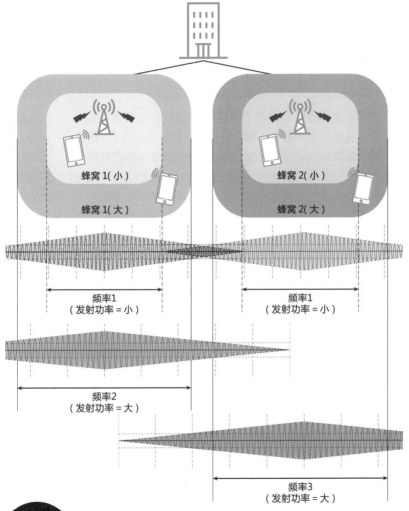

蜂窝1(小)　　　　　　　　　　　蜂窝2(小)

蜂窝1(大)　　　　　　　　　　　蜂窝2(大)

频率1
(发射功率＝小)

频率1
(发射功率＝小)

频率2
(发射功率＝大)

频率3
(发射功率＝大)

知识点

✎使用大小两种蜂窝的"双层别墅"架构通信的叠加方式。

✎对于小蜂窝的通信来说，通过调整发射功率可以减少对相邻基站中的小蜂窝的干扰，并使用相同频率进行通信。

✎为了避免移动电话的移动带来的干扰，基站之间相互协调对频率进行切换控制。

》 大家一起合唱，大家一起倾听

尝试用两个天线发送信息

使用长度为d的线将两个天线（1和2）连接起来[图3-8（a）]，分别发送相反极性的无线电波。那么位于较远距离的天线3在接收信号时，由于两个无线电波的波峰和波谷相互抵消，就会接收不到任何信息。

在两个天线连接的状态下，将天线2向右移动到L_1的距离[图3-8（b）]之后，无线电波的重叠就会发生变化，信号就能够被接收。进一步将天线2移动到无线电波的一半的距离（L_2）时，两个无线电波的波峰和波峰、波谷和波谷则会重叠并加强，恰好达到两倍（最大）的强度送达[图3-8（c）]。

尝试改变发射角度

图3-9将图3-8中的3幅图重新排列，使天线1和天线2纵向展示。从图3-9中可以看到，根据两个天线的方向，无线电波的送达方式从0变为2倍（最大）。

如果调整两个无线电波的错位方式，就可以**控制零和最大方向（角度）**（**波束赋形**）。此外，如果增加天线的数量，还可以将发送到最大方向的无线电波进一步加强。

以这种方式排列使用天线的机制被称为**阵列天线**。此外，如果将使用多个天线接收信号的无线电波错位地同时进行合成，还可以选择性地接收从特定方向送达的无线电波。

纵向、横向、斜向控制

在5G中使用较短波长的毫米波波段时，由于可以使用较短的天线元件，因此即使排列多个元件，也可以将元件控制在很小的尺寸，因此可以使用将天线元件在纵向和横向上设置成网状的无线电波，并且在最大方向的纵向和横向上都可以控制的**大规模天线阵列**[注5]。

[注5] 有一种与阵列天线相同，将MIMO（Multi Input Multi Output）作为使用多个天线接收和发送信息的方法。它是一种将"不同信息使用不同音色的信号"通过多个天线发送，在接收端则通过不同的"音色的声音（传输状态）"来区分信息的技术。虽然原理不同，但是情况类似于在二重唱中，女高音和女低音即使唱相同的歌曲也能听出区别一样。

图3-8 用两个天线同时发射无线电波

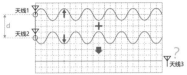 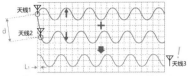

(a)由于信号相互抵消接收不到任何信息　　　(b)天线2稍微错开相位后信号就能被接收

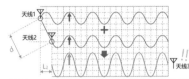

(c)进一步错开天线2的相位,合并后的信号更强

图3-9 方向决定无线电波的送达方式

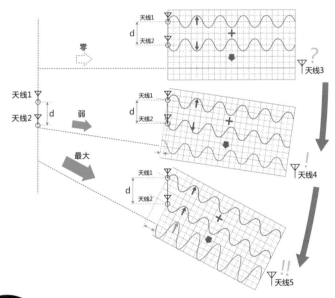

知识点

🖉 使用多个天线元件可以选择性地收发和去除特定方向上的无线电波。

🖉 在5G中,由于可以使用较短波长的毫米波波段,因此可以设置多个天线
元件,自由地控制纵向、横向、斜向上的通信。

≫"迟到一会儿"是刻意安排

回音太大就听不清了

通过回音很大的管道的声音以及有许多回音的户外播放的广播，由于回音之间交错叠加、相互干扰，我们很难听得清内容（图3-10）。

无线通信的无线电波，包含从发送点到接收点直接传输的无线电波（先行波）和反射到距离稍远的建筑物上稍微延迟接收的无线电波（延迟波），这一状态被称为**多径传播**。由于先行波和延迟波会相互受到干扰，因此难以接收到准确的信息。

图3-11展示了先行波和只将时间（t）延迟接收的延迟波重叠接收的状态。如图3-11左侧所示，由于前后的字符重叠而无法辨别。即使尝试在字符之间留出延迟的间隙（图3-11中右侧），同一字符信息内也是有所重叠的，无法正确地进行读取。

"迟到一会儿"是刻意安排的

在正交频分复用（参考1-9节）中，传输的字符信息是逐个地将字符在时间轴方向上扩展，随着时间（频率方向压缩相同的量）传输信息的，如图3-12所示。这种情况下，会在与前面的字符信息之间加入被称为**保护区间**的间隙。保护区间的长度取决于延迟波的延迟时间。

即使产生了多径传播，延迟波（图3-12中的蓝色字符）重叠接收，只要是在保护区间内，前后的不同字符就不会发生干扰，并且字符重叠的部分只需在时间方向上重新压缩就能进行读取[注6]。

适用于5G的正交频分复用是一种**可以根据使用环境来区分使用多个保护区间**的机制。

[注6] 在实际的通信系统中，只需将无线电波的振幅和相位偏移一定的量，即可校正同一信息字符（符号）多径传播干扰的影响。

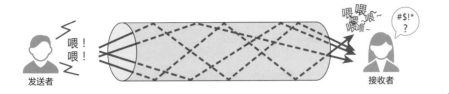

图 3-10 回音太大就听不清了

发送者

喂！喂！

喂喂喂喂~ #$!*?

接收者

图 3-11 如果先行波和延迟波重叠就无法准确接收

先行波 我是只猫 ＋ 我是只猫

延迟波 我是只猫 ＋ 我是只猫

合成波 我是只猫 我是只猫

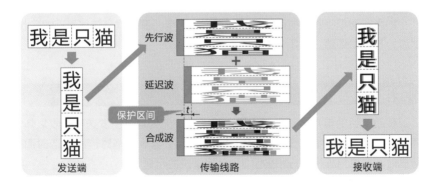

图 3-12 设置保护区间（t）安排延迟

我是只猫 → 我是只猫

先行波

＋

延迟波

保护区间 t

合成波

发送端 传输线路

我是只猫 → 我是只猫

接收端

知识点

✎ 在多径传播中，先行波和延迟波会相互干扰，从而妨碍信息的接收。

✎ 在正交频分复用中，设置了保护区间，可以减少延迟波的影响。

✎ 在 5G 中，可以根据使用环境选择多种不同长度的保护区间。

≫ "减少车次" 以节约成本，办事只是顺便

"没人用时" 可以喘口气

我们在接听电话、接收或发送电子邮件时，或者运行应用程序时，都需要使用电池中充入的电量。实际上，在什么也不做时，也会为了监控来电信号等事件而执行待机操作（在5-9节中我们将对5G中的原理进行具体讲解）。

但是，如果连续性地进行数据接收操作，就会更快地消耗电量。因此，系统会使用在预定的间隔和时间段进行接收的间歇接收方式来降低功耗的机制。

间隔时间越长，平均功耗就会越低。**如果间隔时间太长，接收的响应时间就会变长，对于那些非常重要的信息的接收就会出现延迟**，因此普通用途设定的是1.25s的接收间隔。此外，当为了监控来电信号开始接收信息时，也会一并测量周围的其他基站的无线电波的强度，高效监控是否存在更好的接收信息来源的无线电波。

如果在间歇接收的时间段接收到基站的来电，系统就会转移到连续接收状态，并开始通信（图3-13）。

共用一块电池

移动电话的电池中充入的电量，除了用于无线电波的发送和接收之外，还会用于各种软件的处理中。图3-14中展示了电池满格时连续通话时间、待机时间与应用程序执行和显示3种使用情况的示例。

实际的电池消耗与具体的使用方式和周围的条件有关，虽然不会像图3-14中那样呈三角形平面的单纯的分配方式，但是图3-14中展示的是3天（72h）待机接收时，应用程序执行9h（每天3h）、连续通话2h强制执行的分配使用时间的示例。

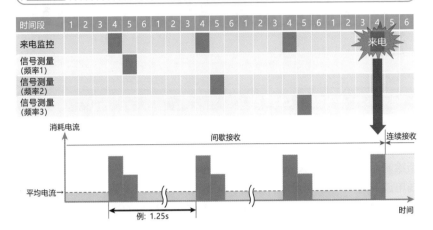

图3-13　待机时的间歇接收

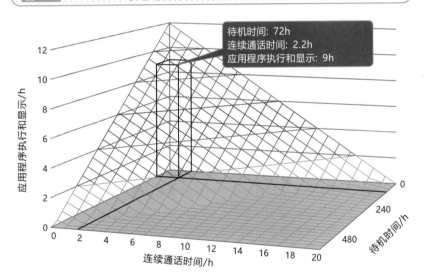

图3-14　移动电话终端使用时间分配的示例

知识点

✐ 移动电话在不使用时也会为了待机而执行接收信号操作。

✐ 来电监控时，可以通过间歇接收机制降低平均电池消耗。

✐ 间歇接收的间隔可以使接听来电、紧急通知等在合理时间内得到处理。

»"紧急的贵重物品"就用特快专递

说好的"高速"也会慢

图3-15所示是在针对传输线路错误的纠错、交错、错误检测和重新发送等操作的示意图（图2-18）中，加上了实际使用无线电波传输的时间重新绘制而成的图。在发送端，以4个字符为一组进行一系列处理，并通过无线电波发送12个字符信息，在接收端接收完所有的12个字符后，完成信息的解码处理。图3-15的**无线帧的处理单位时间**显示的是执行接收处理时，无线电波传输12个字符所需花费的时间。

如果从发送信息后到接收端接收信息的时间有所延迟，从而导致问题发生，如在作为机械控制的通信等需要高速响应的场合，将无线帧的处理单位时间缩短，转而执行低延迟传输是非常重要的。

短"无线帧的处理单位时间"实现低延迟、高可靠传输

使用第2代之后的基于数字通信技术的几个移动电话系统的"无线帧的处理单位时间"如图3-16所示。

处理单位时间随着通信技术的更新换代逐渐变短，5G中最短的时间已经缩短到0.25ms，无线部分的通信可以实现在1ms[注7]内完成低延迟传输。

此外，对于那些需要可靠的信息传输的应用，通过结合先进的纠错技术和较短的"无线帧的处理单位时间"，采用了可以在1ms内，以99.999％的准确率实现高可靠性的信息传输（高可靠传输）的机制。

[注7] 1ms是指1 s的1/1000。0.25ms则是指1ms的1/4。

图3-15 无线帧的处理单位时间

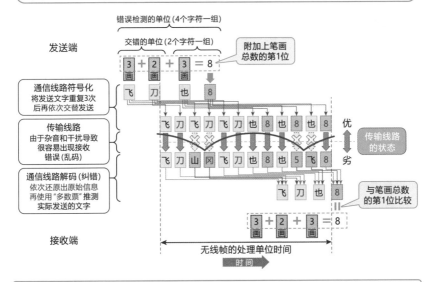

图3-16 通信系统的无线帧的处理单位时间

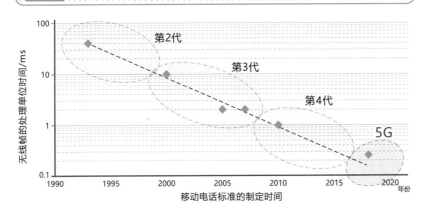

✎ 信息是以一定长度的"无线帧处理单位"来传输的。

✎ 到接收端接收信息为止，需要花费"无线帧处理单位"的时间。

✎ 在传输信息时，对于那些需要高速响应的机械控制等应用而言，较短的
  "无线帧处理单位"非常重要。5G中最短的处理单位时间为0.25ms。

» 万无一失的信息传输

要像买彩票中不了一等奖一样确定

我们不会买中10万张彩票中的一等奖彩票的概率（期望值）是1–(1÷100000)，也就是99.999％。但是，也不是说绝对买不到，因为如果按10万张彩票中只有1张一等奖彩票的比例，则说明我们有0.001％的概率可以赢得一等奖。

在3-8节中，我们讲解了可以在1ms内以99.999％的准确率无错误地传输信息，本节我们将再次从高可靠性传输的角度对再次传输（参考2-10节）时的效果进行讲解。

抽到"大小王"也不怕，继续抽下去就好

我们从包含一张大王的10张扑克牌中，随机地抽取一张牌（图3-17中左侧）。如果抽到大王就表示失败，抽到其他牌则表示成功，每次抽牌失败的概率是10％。如果失败，就将大王放回扑克牌中继续抽牌。如果第1次抽牌失败后第2次也失败，概率就是10％的1/10，也就是1％。往后抽牌继续失败的概率每次降低1/10，连败5次的概率就是0.001％，第5次抽牌成功的概率的合计就是99.999％。

再次传输信息也是同样的道理，如果将准确传输的概率为90％的信息反复传输5次，就可以在5次以内实现准确率为99.999％的信息传输（图3-17中右侧）。

虽然增加再次传输的次数，信息传输的准确率会增加，更接近于100％，但是同样也会增加总体的传输时间。此外，如果将每次传输的准确率提高，那么就可以通过更少的再次传输次数实现准确的信息传输。

在5G中，**提供了可以将再次传输的处理时间变得比以前更短的机制**，通过与先进的纠错技术相结合，可以在短时间内以更高的准确率传输信息（高可靠性传输）。

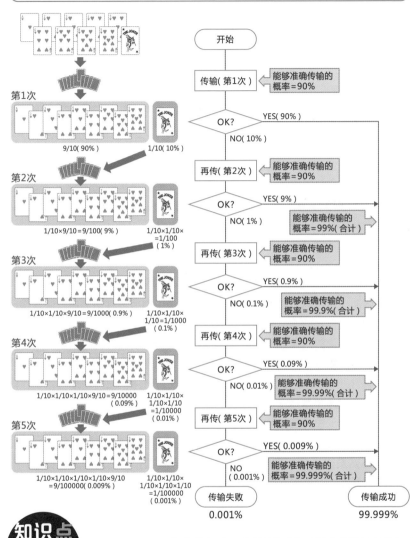

图 3-17   抽到"大小王"也不怕，继续抽下去就好

开始

传输（第1次）   能够准确传输的概率=90%

OK?   YES（90%）

NO（10%）

9/10（90%）   1/10（10%）

再传（第2次）   能够准确传输的概率=90%

OK?   YES（9%）

NO（1%）   能够准确传输的概率=99%（合计）

1/10×9/10=9/100（9%）   1/10×1/10×1/100（1%）

再传（第3次）   能够准确传输的概率=90%

OK?   YES（0.9%）

NO（0.1%）   能够准确传输的概率=99.9%（合计）

1/10×1/10×9/10=9/1000（0.9%）   1/10×1/10×1/10=1/1000（0.1%）

再传（第4次）   能够准确传输的概率=90%

OK?   YES（0.09%）

NO（0.01%）   能够准确传输的概率=99.99%（合计）

1/10×1/10×1/10×9/10（0.09%）   1/10×1/10×1/10×1/10=1/10000（0.01%）

再传（第5次）   能够准确传输的概率=90%

OK?   YES（0.009%）

NO（0.001%）   能够准确传输的概率=99.999%（合计）

1/10×1/10×1/10×1/10×9/10=9/100000（0.009%）   1/10×1/10×1/10×1/10×1/10=1/100000（0.001%）

传输失败   传输成功

0.001%   99.999%

第1次

第2次

第3次

第4次

第5次

知识点

    如果反复地再次传输，无误地传输信息的概率就可以接近 100%。

    如果能够提高每次传输的准确率，则可以通过较少的再次传输次数实现高准确率的信息传输。

    在 5G 中使用的是比以往更短的时间进行再次传输处理来实现高可靠性传输的。

»"闹哄哄的教室"可不行

举手点名再发言，这是规矩

在学校的课堂中，如果学生要发言，需要先举手，等老师点名之后学生才能开始发言。如果大家都开始自说自话，那么教室就会变得一片嘈杂，闹哄哄的，老师没有办法继续讲课（图3-18）。

移动电话也是同样的道理，如果每台移动电话在需要使用时（希望将信号发送给基站时），未经许可就开始随意发送信号，就有可能造成干扰，导致最后谁都没有办法进行正常的通信。

先来后到，按顺序插队

在移动电话方面，每个基站所负责的区域中有很多移动电话，这些移动电话都会根据自己的需要开始通信或结束通信。为了有秩序且高效地进行通信，在开始通信时对无线电波的交通进行整理的机制被称为随机访问控制。

下面我们将以卡车的配送中心为例，对如何实现有序且高效的卸货操作进行讲解（图3-19）。接二连三到达的卡车会暂时停在配送基地的入口，以按喇叭的方式通知基地它们已经到达。配送基地则会根据空的皮带输送机并按照顺序引导卡车将货物卸载到指定的皮带输送机上。

在实际的移动电话系统中，**每台移动电话在尝试发送数据（货物）时，都会向基站发送一个标志性的无线电波（按喇叭）来通知基站**。在5G中，提供了大量标志性的无线电波，即使基站同时收到大量移动电话的标志性的无线电波，也可以对每个无线电波进行区分。然后，根据经过区分后的标志将无线电波分别分配给移动电话并下达指令，之后各台移动电话就会使用基站所指定的无线电波的频率和频段开始实际的数据传输。

在5G中，提供了可以尽可能高效且公平地处理更多移动电话的数据传输需求的交通管理机制。

图3-18 举手点名再发言

(a) 喧哗嘈杂的教室

(b) 举手被点名后再发言

图3-19 在配送基地的入口进行交通管理

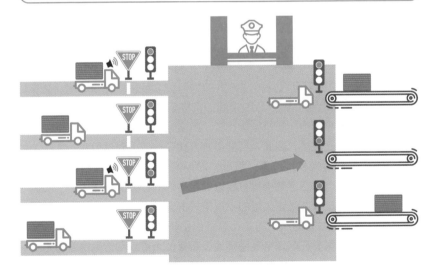

知识点

✎ 移动电话在开始传输信息时，会向基站发送标志性的无线电波进行通知，并在接收到用于传输信息的无线电波的指示后再传输数据。

✎ 5G中提供了大量标志性的无线电波，并且提供了即使重叠发送也会被区分并高效分配和指定无线电波的机制。

»"乌泱乌泱"也不怕

分成班级

在3-10节中,我们以在学校教室上课时学生发言的情况为例进行了讲解。在本节中,我们将对当学生数量很多时,应当如何应对的问题进行讲解。

虽然我们可以将学生分配到更大的教室中,但是如果举手发言的学生很多,老师点名也比较为难,而且学生按照顺序发言,轮到自己发言也需要很长时间。因此,为了能够给予学生更多的发言机会,增加老师并将学生分成多个班级上课是比较有效的做法(图3-20)。

多开几个小快递点

5G中有一种机制可以支持非常多的物与物之间的通信(参考1-2节)。如图3-21所示,绘制了与图3-19相同的货物配送中心。不过,这里不是用卡车,而是步行和用自行车等搬运比较小的货物,服务对象为小型用户。

由于包裹都比较小,因此入口的道路会比较狭窄,输送包裹的传送带也比较小,但是数量很多。包裹(信息)的配送方式与图3-19相同。准备大量小型配送中心,并在区域中设置足以满足需求的数量的配送中心,那么单位面积中就可以接收并处理大量的小型用户的包裹。

5G的物与物之间的通信的实现思路也是一样的。为了提供海量的物与物之间的通信,**需要在区域中高密度地设置提供大量纤细传输线路的无线网络**[注8],这样就可以实现与每平方千米中超过100万件的物体(传感器等)的海量连接。

[注8] 在5G中,如果每隔500m设置一个基站,并使用180kHz带宽的无线电波,预计每平方千米就可以连接超过300万个的物体。

图3-20	如果人数太多就分成多个班级

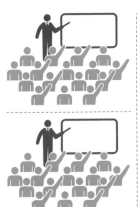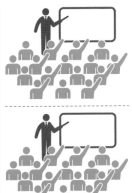

图3-21	多开几个小快递点

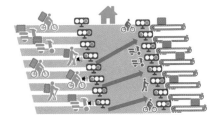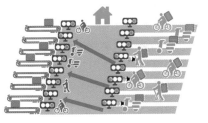

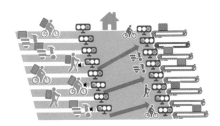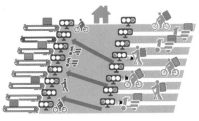

为了与海量的小型（低速数据）的用户（物）进行连接，需要在区域中高密度地设置提供大量纤细传输线路的无线网络。

开始实践吧

计算小基站可以使用的带宽

在第2章的"开始实践吧"中，我们对到达距离会根据无线电波的频率而发生变化，以及为将合适的无线电波强度发射到一定距离应如何调整发射功率的问题进行了讲解。此外，在3-4节中，我们还对"双层别墅"的基站架构（叠加）进行了讲解。

在这里，我们将对使用不同频率的无线电波构建移动电话基站时会产生什么样的结果进行思考。在第2章的"开始实践吧"的图中所示的条件是：3.5GHz频段的无线电波可到达的距离大约是860m，28GHz频段的无线电波可到达的距离大约是300m。绘制半径为860m和半径为300m的圆圈，并将小圆圈放到大圆圈后就是右图所示的样子。分别在圆圈的中心设置移动电话的基站，就构成了一个大小两种移动电话的蜂窝叠加的架构，该图就是从正上方看到的这一架构的样子。

我们将通过表格对半径为860m的1个大蜂窝和半径为300m的7个小蜂窝在通信时所使用的带宽比进行计算。由于小蜂窝使用的是比大蜂窝高8倍的频段，因此假设通信时使用的频段与无线电波的频率成正比，小蜂窝的带宽就是大蜂窝的8倍[注9]。由于小蜂窝的数量为7，那么使用所有小蜂窝的带宽合计就是大蜂窝的8×7倍。虽然会增加蜂窝的设置数量，但是使用高频段的无线电波的叠加架构，可以使用高带宽大容量的高速数据通信[注10]。

[注9]　由于无线电波有不同的用途，因此根据每个频段的具体使用情况，实际上可使用的带宽是有限制的。

[注10]　实际上，为了避免与相邻蜂窝互相干扰，需要设法让相邻的蜂窝使用不同的频率。此外，小蜂窝的间隔区域也需要覆盖到，因此还需要增加更多的蜂窝。

74

大小基站的叠加架构

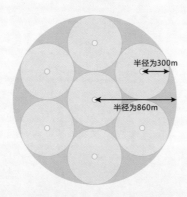

半径为300m

半径为860m

大小基站可使用带宽的对比

频率	频率的比率	带宽比	基站数量	总带宽（比率）
3.5GHz 频段	1	1	1	1
28GHz 频段	8	8（假设）	7	

第4章

5G网络

核心网是发挥5G极限性能的关键

≫ 移动电话系统的幕后功臣

幕后功臣

如图4-1和图4-2所示，将第1代移动电话系统（汽车电话）的交接和通知自己所在位置的1-6节中的图作了少许修改，使其变成更符合现代风格的架构。

可以看到图4-1和图4-2中绘制了连接两个基站切换通话连接和进行来电呼叫的建筑物（设备），而这就是移动电话系统中的幕后功臣——**核心网**。从核心网这一名称，就能看出它是系统中发挥核心（中心）作用的设备，但是对移动电话的使用者而言，它却是非常陌生的存在。在本章中，我们将以核心网的原理和作用为中心，对相关知识进行讲解。

灵感来自电话交换机

移动电话系统原本是将连接不会移动的（固定的）电话机的电话交换机连接到使用无线通信的电话机而发展起来的。电话交换机的作用我们将在4-2节中进行讲解。固定电话和移动电话之间的关键区别在于**移动电话可以"移动"**。

固定电话交换机的作用是，在开始通话前设置两台电话相连并开始通信的线路，而移动电话为了边通话边移动，会在通话过程中瞬间切换其连接的基站（图4-1），或者为了在开始通话前进行来电呼叫，系统需要时刻掌握该移动电话正位于哪个基站附近（图4-2）。

负责对这些移动电话的通信进行管理和控制的就是核心网。虽然目前移动电话的核心网是通过在电话交换机中增加功能的方式逐渐形成的，但是随着数据通信的发展，不断集成了大量先进的技术。

用于5G的核心网简称为**5GC**。为了使传统的移动电话也能够继续使用5GC，核心网也提供了对第4代基站和移动电话机进行管理的机制。此外，5G的基站中还提供了可以与第4代系统的核心网进行联动的机制。

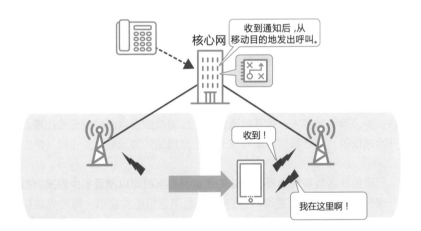

图4-1　"交接"的原理（重新整理版）

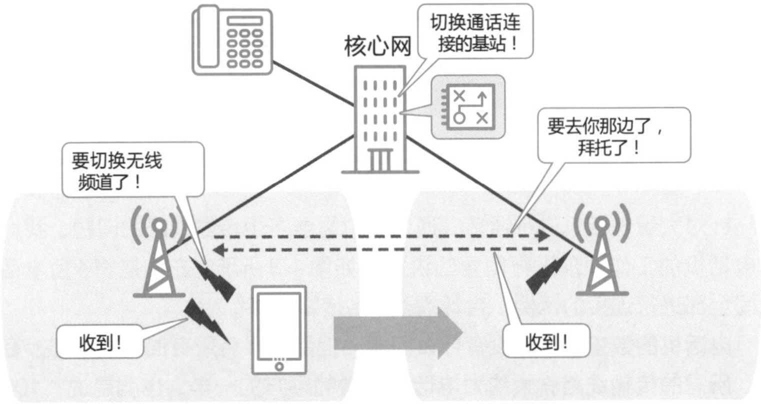

核心网

切换通话连接的基站！

要切换无线频道了！

要去你那边了，拜托了！

收到！

收到！

图4-2　通知自己所在位置的原理（重新整理版）

核心网

收到通知后，从移动目的地发出呼叫。

收到！

我在这里啊！

![知识点]

✎ 核心网是移动电话系统中进行连接基站变更和来电呼叫等功能管理的幕后功臣。

✎ 用于5G的核心网5GC也提供了对第4代移动电话的支持。

»"全部连接上"很不环保

不信就把所有的电话机都连上试试看

针对大量电话机进行通话（通信）时需要多少传输线路的问题，我们将对电话机的工作原理进行简要的讲解。如图4-3所示，左侧是将4台电话机之间全部进行连接的示例，合计需要6条传输线路。

电话机的数量较少时没有什么问题，但是如果将所有的电话机连接在一起，所需的传输线路就大约为电话机数量的平方的一半。也就是说，100台电话机大约需要5000条传输线路，1000台电话机则大约需要50万条传输线路。电话机的数量越多，连接电话机的传输线路就会像滚雪球一样地增加，就会成为一种非常不环保且不现实的系统。

只能请求交换机了

因此，这就轮到线路交换闪亮登场了。这是一种只在通话时使用传输线路（线路）连接电话机的方法（图4-4左侧）。虽然效率提高了，但是如果线路较少，而当很多人一起开始通话时，线路就会拥堵而导致无法连接。这种开始通信时，因线路拥堵而导致无法正常通话的情况被称为呼损（呼叫损失）。

所需的线路数量需要**根据整体的通话量和当时可以承受多少呼损为指标**进行研究。例如，如果是可以包容1000台电话机的交换机，每台电话机一天（24小时）中进行两次通话，每次通话时间为5分钟，那么每小时平均就会发生超过83次（1000台×2次÷24小时）的通话，合计进行接近7小时（83次×5分钟÷60秒）的通话。计算呼损的发生概率（呼损率）后得到的结果见图4-4右侧的表。

从图4-4右侧的表中可以看到，如果配备12条线路，呼损率就是3%。这一结果是否满足需求取决于电话机的用途和所需的费用（或使用费），相比连接所有的电话机需要部署50万条传输线路的做法而言，可以说这是更为经济合理的通信机制。

图4-3 **使用传输线路（线路）将所有的电话机直接连接**

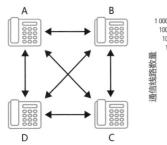

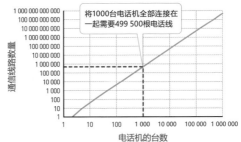

将1000台电话机全部连接在一起需要499 500根电话线

图4-4 **只有通话时使用传输线路（线路）连接**

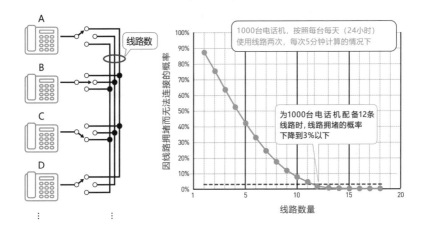

1000台电话机，按照每台每天（24小时）使用线路两次，每次5分钟计算的情况下

为1000台电话机配备12条线路时，线路拥堵的概率下降到3%以下

知识点

🖊 如果使用传输线路将所有电话机连接在一起，随着电话机数量的增加，需要的传输线路也会急剧增加。

🖊 在电话交换（线路交换）中，采取仅在通话过程中连接传输线路的方式，可以用合理数量的线路连接更多电话机。

🖊 在电话交换中，如果所有的线路都被占用了，就会出现呼损问题。

🖊 可以通过指定条件计算所需的线路数量，从而使呼损的发生概率小于预定的值。

≫ 叉线排队

将数据打包贴上标签再发送

4-2节中提到的呼损问题是当线路拥堵时，语音通话就会无法使用。而在数字数据（字符）传输中，可以在线路拥堵时引入等待线路畅通的机制，引入该机制后情况就会有所不同。

数据通信中使用的传输方式与4-2节的线路交换不同，使用的是**分组交换**。如图4-5所示，**将各台电话机发送过来的信息进行分组后打包贴上标签再发送**。包裹按照送达的顺序在队列中等待，依次被传输到空闲的传输线路（传送带）中，并在出口处根据标签传输到目的地。

要开多少个窗口

在分组交换中，传输包裹的总量需要具备多强的传输能力（传输速度）、需要准备多少条传输线路才能将包裹（信息的包裹）在**等待队列**中进行等待的**平均等待时间**控制在规定的时间内，是我们需要面对的问题。

在这里，将以银行窗口的叉线排队（将客人排成一列并依次安排到空闲的窗口进行接待）为例，对等待队列的特性进行讲解（图4-6）。

假设平均每小时有10位客户排队，每位客户在窗口被接待的时间平均为5分钟。根据开设的窗口数量，计算排队时间会如何发生变化的折线图如图4-6右侧所示。

如果只有一个窗口，那么排队平均需要等待25分钟，增加到两个窗口，平均需要等待5分钟以下。如果目标平均等待时间是5分钟，两个窗口就足够了，即使开设3个以上的窗口，平均效果也是有限的。

5G中使用的分组交换的机制，采用的也是相同的做法。为了在规定的平均等待时间内传输数据包，可以预先估算所需的线路传输能力和线路数量。

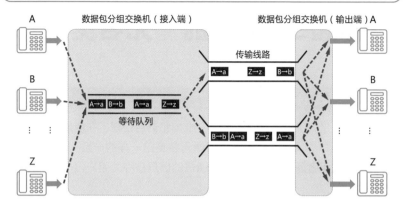

图4-5 分组交换的移动电话

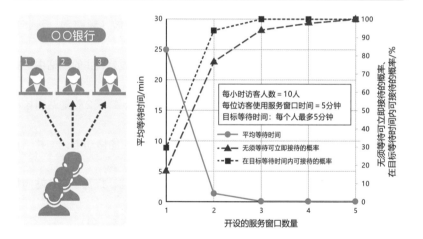

图4-6 在窗口叉线排队

知识点

∥在分组交换中，会将信息打包、贴上标签并按顺序发送。

∥如果所有的传输线路都处于拥堵状态，就需要在等待队列中等待，再使用空闲的传输线路依次进行传输。

∥为了将等待队列中的平均等待时间控制在规定的时间内，可以根据传输的数据量，研究所需的线路传输能力和线路数量。

≫ 支撑起5G天空的"无名英雄"

在幕后奋战的控制信号

　　控制信号是为了做好通信的准备、维持和善后处理，在使用者察觉不到的情况下，在核心网和移动电话之间像无名英雄一样的一系列信号的名称。移动电话的使用者通过应用软件进行通信的信息被称为用户信号。

控制信号为通信中的交接操碎了心

　　通信的交接（图4-1）中的控制信号的处理如图4-7所示。当与蜂窝1（频率1）进行通信的移动电话，发现蜂窝2的无线电波（频率2）更强时，就会执行下面的步骤。

- 移动电话将"蜂窝2的无线电波更强"的信息通过蜂窝1的基站中继报告给核心网（①、②）。
- 核心网给蜂窝2的基站下达切换到蜂窝2的指示。蜂窝2的基站向核心网报告准备完毕（③、④）。
- 核心网通过蜂窝1的基站联络需要切换到的蜂窝2的移动电话，并下达切换指示（⑤、⑥）。
- 移动电话开始使用蜂窝2的基站和频率2进行通信。蜂窝2的基站向核心网报告无线频率切换完毕（⑦、⑧）。
- 核心网将通信中的用户信号的通信对象切换为蜂窝2（⑨）。

将控制信号的处理从用户信号的处理中分离

　　为了进行区分，我们将具有处理控制信号功能的层称为 C平面，处理使用者用户信号的层则称为 U平面。在5GC中，对**处理C平面的核心网中的功能单位与U平面进行了明确的区分**（C/U分离）（图4-8）[注1]。

[注1] 通过这样明确的区分功能，就可以实现后面的章节中将要讲解的更加高效的功能实现和性能提升。

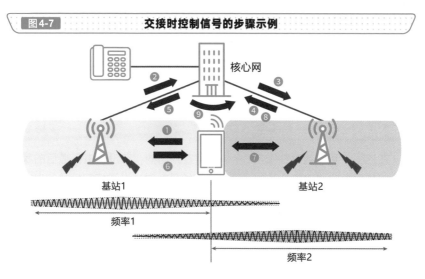

图 4-7　交接时控制信号的步骤示例

核心网

基站1　基站2

频率1

频率2

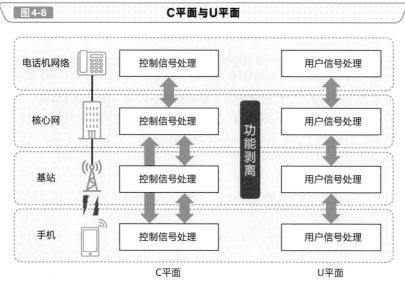

图 4-8　C平面与U平面

电话机网络　控制信号处理　用户信号处理

核心网　控制信号处理　用户信号处理

功能剥离

基站　控制信号处理　用户信号处理

手机　控制信号处理　用户信号处理

C平面　U平面

知识点

⫸ 控制信号是支持移动电话通信的"无名英雄"。

⫸ 控制信号由C平面进行处理，用户信号则由U平面进行处理。

⫸ 在5GC中，采用的是将C平面和U平面明确分离的架构。

≫ 待机使用节能模式

待机时的处理是完全不同的概念

在这里，我们将对在图4-2中作过简要介绍的，在没有进行通信的状态下，将待机中的移动电话的位置信息通知给基站时，发送控制信号的内容进行讲解。虽然与移动电话在蜂窝之间移动时会通知距离最近的基站的操作完全一样，但是由于没有在执行通信中交接那样的收发用户信号的处理，因此只需在下次通信开始前通知基站即可。

每次移动电话在待机状态中移动到不同的基站时，汇报位置信息的操作就会增加控制信号的发送，因此即使是在间歇接收（参考3-7节）的待机（省电）模式下，移动电话也会消耗额外的电量。

节约控制信号，集中来电呼叫

如图4-9所示，将若干个蜂窝（基站）集中起来创建一个**注册区**，这样一来，待机中的移动电话停留在注册区#1的时间段内就不会发送位置信息的通知，当检测到已经移动到相邻的注册区#2时，就需要发送请求注册位置信息的控制信号（❶）。

核心网接收到控制信号（❷）后，就会更新数据库中各个移动电话的位置信息（注册区单位）（❸）。不过，此时可能需要进行4-6节中将要讲解的认证操作（确认是否为本人）。

之后，如图4-10所示，当注册后的移动电话有来电提醒（❶）时，核心网中就会取出该移动电话的位置信息（❷），向该注册区中所有的基站发送来电呼叫信息（❸）。假如来电呼叫的移动电话移动到了注册区#2中的蜂窝5，就会响应蜂窝5的基站发出的来电呼叫信号（❹），并开始执行用于收发用户信号的步骤。

在5G中，还可以根据移动电话的移动情况创建注册区。通过减少待机中所发送的控制信息的数量，就可以有效地提高整个系统的效率，并降低移动电话的耗电量。

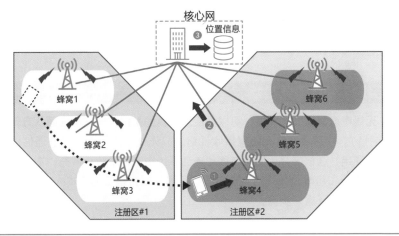

图4-9 只有在超出注册区移动时才登录位置信息

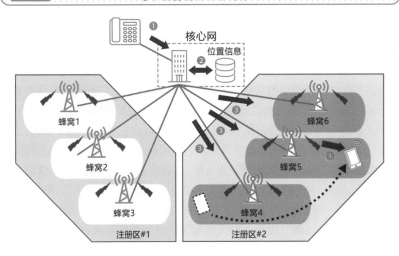

图4-10 每个注册区集中来电呼叫

知识点

∥在待机过程中执行的位置信息通知操作,是以集中了多个蜂窝的注册区为单位进行的。

∥每部移动电话的位置信息会在核心网中作为位置信息被注册。

∥移动电话的来电提醒是以注册区为单位进行呼叫的。

≫"阿弥陀签"式加密严防窃听

无线电波会到处传播

无线电波具有波的特性，可以像应急车辆的警报声一样**向四面八方传播**（图4-11）。虽然法律禁止任意接收（窃听）无线用户的无线电波通信，并窃取（滥用）通信内容，但是在移动电话系统中，为了防止冒充"本人"进行非法使用和窃听，在开始通信时会执行确认对方是否为"本人"的操作，也就是执行认证这一步骤。

5G的"阿弥陀签"无比复杂

认证步骤中使用的是只有合法的移动电话（本人）和电话公司严格管理的核心网内的控制装置才知道的、成对的且不会透露给外部的密钥和"阿弥陀签"（发源于日本的一种简单的决策游戏，中文名为鬼脚图或画鬼脚）（图4-12）。5G中实际使用的密钥要比图4-12中的"阿弥陀签"复杂几个数量级，5G中使用了无法从出口推测到入口的复杂度的加密算法。

认证步骤是在通信开始时，由"本人"将自己的识别号码发送出去（❶）开始的。5G为了提高安全性会将识别号码加密发送。核心网的控制装置根据接收的识别号码找到其密钥（❷），再摇骰子产生随机数（偶然生成的数字）（❸），并将这一随机数通过无线电波发送给"其本人"（❹）。

"本人"使用接收到的随机数和密钥选择"阿弥陀签"的起点，将"阿弥陀签"到达的（❺）结果通过无线电波再送回给控制装置（❻）。控制装置也会进行同样的操作（❺），将接收到的结果进行对比，如果一致就认为是"本人"在操作（❼），接下来就会使用密钥进行加密通信。

没有正确密钥的仿冒者由于无法通过无线电波传输过来的随机数计算出正确的结果，因此就无法通过冒充的方式进行非法使用和窃听已被加密的通信内容。

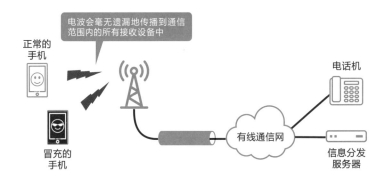

图 4-11　　无线电波会到处传播

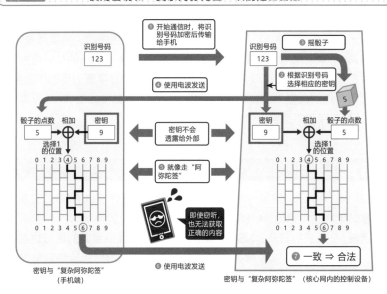

图 4-12　　使用密钥和"复杂阿弥陀签"识别是否合法

知识点

🖉 无线电波会到处传播。

🖉 使用密钥和"复杂阿弥陀签"严防通过冒充而非法地使用网络（认证）。

🖉 将无线电波发送的信号加密，防止使用者的重要信息因窃听而被盗取。

» 5G与4G互帮互助

4G和5G的"双层别墅"

图4-13与图3-7中展示的"双层别墅"的基站架构类似，是一个**将4G基站和5G基站纳入一个4G核心网的双层结构**，是一种将已经普及的4G移动电话的基站和5G基站相结合，从而高效扩展系统的做法。

5G基站（基站2和基站3）使用高频段（频率2）的宽带宽对U平面的用户信号进行高速的传输，但是高频段的无线电波传输距离较短，因此一个基站的覆盖区域较小。由于4G基站使用的是比5G的频段更低但传输距离更远的无线电波（频率1），因此一个基站的覆盖区域较广。如果通过4G基站（基站1）将在多个5G基站的区域进行通信的移动电话的C平面控制信号集中在一起处理，就可以稳定且高效地提供5G的U平面的高速传输服务。

这种"双层别墅"的基站架构被称为 **NSA**（Non-Stand Alone，非独立组网），其不同于下面将要讲解的5G独立组网架构[注2]。

5G独立组网

如图4-14所示，这是一个使用5G核心网管理5G基站的5G独立组网类型的基站架构，被称为 **SA**（Stand Alone）架构。

随着5G系统的普及，NSA架构被大量使用，提供服务的区域也在不断扩大，因此我们就可以考虑在增加C平面的处理的同时，转移到能够发挥5G核心网的先进功能和性能的服务。能够同时处理5G的U平面和C平面的**独立型架构**就是为此制定的。此外，还制定了5G核心网和4G核心网的相互协作以及可以直接将4G基站纳入5G核心网的架构。

通过区分使用NSA和SA这两个架构，就可以阶段性地、灵活且经济高效地从4G系统迁移到5G系统。

[注2] 在无线线路中，由于使用的是同时接入4G和5G系统的双重连接，因此这种连接形态被称为双连接（Dual Connectivity）。

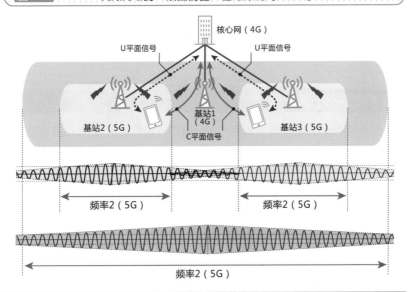

图4-13 4G和5G的"双层别墅"基站架构（NSA）

图4-14 5G独立组网基站架构（SA）

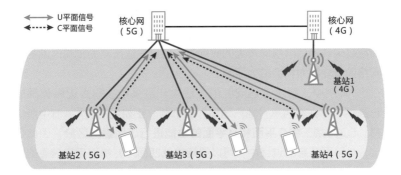

知识点

- NSA是使用4G核心网同时纳入4G和5G无线基站的"双层别墅"架构。使用现有的4G通信网资产经济高效地扩展5G网络。

- 在NSA架构中，5G基站负责U平面的传输，4G基站负责C平面的传输，相互合作分担处理任务。4G较大的服务区域可以覆盖多个5G小蜂窝。

- SA是由5G核心网管理5G基站的独立型架构。

» 信息的 " 地产地销 "

在产地附近就近销售

图4-15所示是最近经常听到的农产品的"地产地销"。在生产地附近使用新鲜的食材，可以减少经济上和能源上的消耗，这是只有在当地才能体会到的优势。

虽然在拥有完善的物流系统的现代社会，不仅仅只有地产地销这一种销售模式，即使距离较远也能够品尝到美味的食材，但是运送和配送需要花费时间、人力和能源。因此，我们需要综合成本效益等多方面因素，选择合适的食材供应方式。

地产地销

在信息通信网络中，我们可以通过高速的通信飞快地访问位于全世界不同地方的服务器（计算机）中存储的信息，但如果是物与物之间的通信或传输高清视频内容等信息量非常大的数据时，信息发送所需的传输时间的延迟以及网络的传输能力将会成为瓶颈。

在5G系统中，解决上述问题的办法之一是采用被称为边缘计算的技术，它提供了允许将信息"地产地销"的机制。正如我们在4-4节中所讲解的那样，5G得益于**将C平面和U平面的功能进行了明确的区分**，因此是一个在传输U平面信息的过程中，可以灵活地从四面八方提取用户信息的网络架构（图4-16）。

以前，应用服务器是设置在移动电话网络外围的普通电话机网络中的某个位置上的，而5G则是将服务器设置在有核心网和基站的地方，这样可以有效地缩短向移动电话发送信息的时间，如果将摄像机拍摄的高清视频信息进行"地产地销"处理，那么就不需要再将大量的信息发往距离较远的通信网络了。

图4-15 在产地附近销售新鲜的产品

地产地销（距离近、速度快）

远距离运输（距离远、速度慢）

图4-16 边缘计算是信息的地产地销

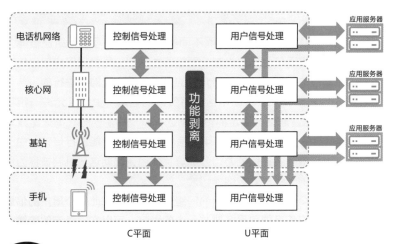

知识点

✎ 在5G中，由于对网络中的C平面和U平面进行了明确的区分，因此可以使用从移动电话附近的场所提取用户信号进行"地产地销"式的边缘计算。

✎ 信息的"地产地销"可以大幅度缩短传输时间以及节约网络的数据传输容量。

» 预约专用车道

针对不同车型预约专用车道

图4-17所示是各种不同的车辆共用大量车道行驶的情况，各种车辆可以根据具体情况适当地改变车道自由行驶。因为车辆会适当地填补道路上的空隙，然后通行，所以路面得到了有效利用，但是仍然可能出现局部拥堵的情况，因此对于需要准点运行的公交车来说，可能不太适合。

图4-18所示是为特定车辆"预约"专用车道通行的情况。车道的"预约"还可以根据实际的交通量、星期几和时间段进行变更。虽然专用车道可以不受其他车辆的干扰顺利通行，但是会在道路上产生"空隙"，如果在道路宽度上可以确保一定的"余量"，那么这便是一种有效的机制。

将网络切开使用

5G网络中也提供了类似的按照不同类型的用户信号将网络通信能力进行切分，划出专用通信信道的机制。网络能力的切分是根据用户信息传输时所需的传输频段的带宽（宽度）和允许的最大传输延迟时间进行的。

如图4-19所示，一部移动电话会将传感器信息（少量且允许一定程度的传输延迟）、语音通话（稳定的传输延迟）以及高清视频（高速宽频段传输）这3种信息分别使用预约的专用通信网内的各种功能进行传输。由于可以根据每种用户信号将通信能力切分成层状使用，因此这一机制被称为**网络切片**，而切分后的一组层则被称为**切片**。

由于通过各个切片预约了专用的网络通信能力，因此**每个用户的信息都不会受到其他用户信息的数量多或数量少的影响，可以实现稳定的传输**。此外，切片还可以根据实际需要进行增加或删除。

图 4-17　混杂通行

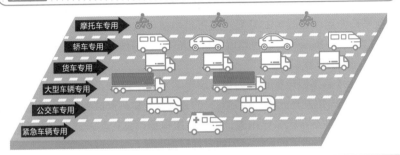

图 4-18　预约和使用专用车道

摩托车专用
轿车专用
货车专用
大型车辆专用
公交车专用
紧急车辆专用

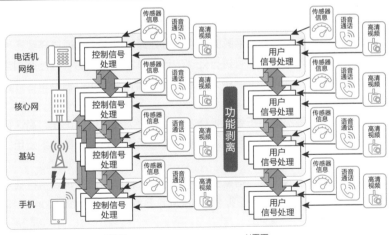

图 4-19　将网络切开使用（切片）

电话机网络

核心网

基站

手机

控制信号处理

用户信号处理

功能剥离

传感器信息　语音通话　高清视频

C平面　　　　　　　　　　　　　U平面

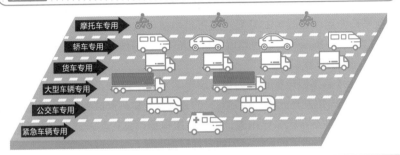

知识点

✍ 根据传输网络信号的通信能力和用途，使用专用的切片进行切分，可以实现符合每种用途的传输需求的稳定通信。

✍ 同一部移动电话可以同时使用多个切片。

》 活用"多才多艺的材料"

根据场景使用"多才多艺的材料"

在这里，我们将"多才多艺的材料"这一词语作为"应用广泛的材料"的意思来使用。如图4-20所示，将折纸中使用的纸作为例子。根据折叠方式，它可以被折成飞刀，也可以被折成纸飞机。另外，也可以像剪纸那样，被剪成飞机的形状。

图4-21则是以电子设备为例，展示了发光广告牌。每个巨大的发光广告牌都是由一组发光元件和控制发光的开关密集排列而成的装置。如果只是放在那里是起不到什么作用的，但是如果根据用途控制发光元件的闪烁情况，就可以根据使用场景以不同的方式自由地显示文字或图像等。

网络功能的虚拟化

核心网中对C平面和U平面的信号进行处理的设备，是通过搭载各种用途的程序，由可以对各种信号进行处理的计算机集中组成的。程序就相当于折纸的折叠方式和发光广告牌中元件的发光方式，我们可以根据每台计算机的使用目的选择合适的程序。

那些不需要每次指定折纸的折叠方式，但必须要执行的固定、高速且简单的处理，要像剪纸那样，可以一并使用专门用于特定处理的捆绑使用的设备。

像这样将共用的设备与搭载的程序相结合，根据当时的需要执行信号处理的机制被称为**网络功能的虚拟化**（Network Functions Virtualizations，NFV）（图4-22）。

5G的通信网络可以根据网络功能的虚拟化的机制，**响应多种多样的通信请求，通过增加通信功能和能力以及替换功能，可以灵活地提供用户所需的通信服务**。

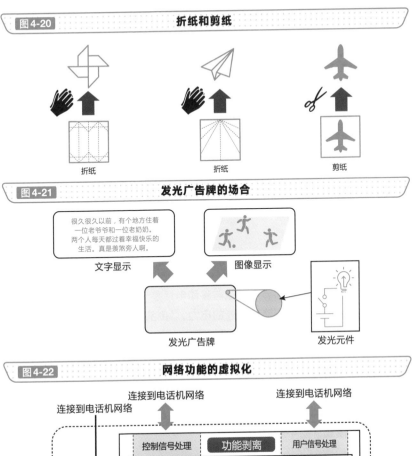

图4-20　折纸和剪纸

折纸　　　折纸　　　剪纸

图4-21　发光广告牌的场合

很久很久以前，有个地方住着一位老爷爷和一位老奶奶。两个人每天都过着幸福快乐的生活。真是羡煞旁人啊。

文字显示　　　图像显示

发光广告牌　　　发光元件

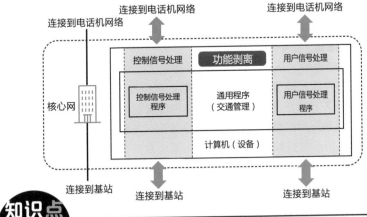

图4-22　网络功能的虚拟化

连接到电话机网络

连接到电话机网络

连接到电话机网络

控制信号处理

功能剥离

用户信号处理

核心网

控制信号处理程序

通用程序（交通管理）

用户信号处理程序

计算机（设备）

连接到基站

连接到基站

连接到基站

知识点

✎ 网络功能的虚拟化，提供由共用的设备和搭载的程序相结合，根据当时的需要执行信号处理的机制。

✎ 通过虚拟化，可以灵活地提供响应多种多样的通信请求的通信功能和能力。

》 下班立马躺平

通信网的节电

移动电话系统的核心网和基站（以下简称网络设备）以几百台、几千台的移动电话为对象，单凭一己之力收发大量的信息，因而消耗的电力必然是巨大的。因此，从减少对环境的影响和节约电费的角度来看，**节能**是非常重要的。

工作时拼命干，下班立马躺平

本质上，网络设备的节电问题与移动电话是一样的，那就是**高效地完成工作，工作结束后为了不消耗额外的电力，"倒头就睡"**（图4-23）。

由于作为5G特性之一的高频高速数据传输要求，会增加组成电子设备部件的功耗，因此对于高效这一部分，需要**采用节能的部件和技术**以降低单位传输信息量所对应的功耗。

而关于"倒头就睡"，则提供了**当服务区域内的移动电话不再与用户信号进行通信时，网络设备的信号传输相关的功能部分就可以休眠，进入节电的间歇休眠模式**（图4-24）。

但是，如图4-24所示，区域内的移动电话所必需的基准计时信号、公共信息、呼叫信号等信息仍然需要定期地进行发送。图4-24展示的是以0.16s为间隔发送这些信号的示意图。这种情况下，休眠时间是休眠间隔的99.4%。5G中采用的是可以确保最低80%左右休眠比率的机制。

图4-25所示是按照星期统计的日本某个月的全国移动通信量的图表。凌晨3点到6点的通信量是高峰时段（晚上9点段）的一半以下，4点段和5点段占比不到30%，一天的平均通信量大约占70%。

网络设备中，还存在无法休眠的"永不休眠部分"（图4-24），由于这部分也会消耗电力，因此无法简单地进行模型化，但是采用在通信量较少的时间段内，间歇性地执行处理的机制是有望达到一定的省电效果的。

图4-23 ..... 网络设备省电的基本原理

工作时拼命干　　　　工作结束了"倒头就睡"　　　一到工作时间马上开动
　　　　　　　　　（同时时刻准备应对紧急任务）

图4-24 ..... 传输的用户信号断开时间歇休眠

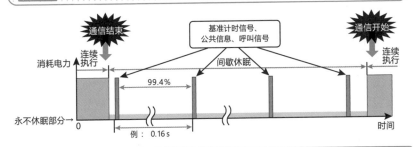

图4-25 ..... 移动通信的通信量（流量）的时间变动

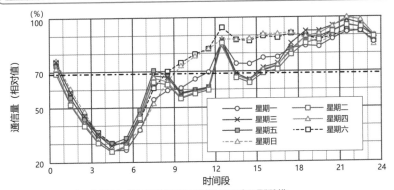

引自：根据信息通信数据库"全国移动通信流量现状"2019年9月版制作

知识点

✎本质上，网络设备的节电方式就是"工作时拼命干，下班立马躺平"。

✎5G中采用高能效方式以及在无信号传输期间休眠等机制来降低系统的电力消耗。

开始实践吧

思考传输所需时间

无线电波以每秒30万km的速度传输。这是绕地球7周半的距离。在3-8节中我们讲解了5G的短无线帧可以实现低于1ms的低延迟传输，在4-8节中则讲解了使用边缘计算基于信息的"地产地销"的传输时间的压缩。

在这里，我们将进一步对更具体的传输所需的时间进行思考。

下图所示是在空间中传输的无线电波或通过光纤传输的激光信号在传输横轴上的距离时所需花费的时间的图表。

光纤中的光信号在1ms内可以传输200km左右的距离。在实际应用中，信号会有衰减，因此如果加上信号中继所需的时间，或者因发送和接收处理而产生的延迟时间，可传输的距离会更短。即使通过5G的低延迟传输将无线传输部分的传输延迟降低到1ms以下，如果从核心网向外部网络传输需要很长时间，也同样会增加传输延迟。

这时就可以使用边缘计算方式对信息进行"地产地销"，针对那些必须通过低延迟进行处理的信息，尽量在基站附近进行处理。那么，假设将基站设置在东京站旁边，需要在0.1ms内将信息传输给进行信息处理的边缘服务器，将边缘服务器设置在横滨站旁边是否合理呢？或者设置在品川站旁边是否安全呢？请大家结合图表再次进行思考[注3]。

无线电波和电子信号的通信距离与通信延迟

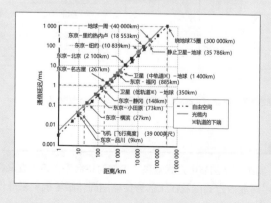

[注3] 实际的通信网络并不是从发送点到接收点以直线距离传输的，因此请以不会超过图中的距离为基准进行估算。

第5章

5

第 章

5G智能手机的特点

5G商用服务中所使用的最新技术

》 智能手机与计算机的密切联系

进化后的5G智能手机，其功能不逊色于个人计算机

智能手机的前身是功能手机。主流的功能手机是配备了3G无线网络的小型终端，通信运营商提供了能在低速通信网络中浏览信息的被称为移动梦网的独立互联网服务（图5-1）。

进入4G时代后，随着通信速度的提升，为了实现想在移动环境中像计算机那样使用互联网服务的潜在用户的需求，以iPhone为代表的智能手机闪亮登场了。

智能手机除了配备先进的无线功能，还配备了**与计算机同等规格**的操作系统（Operating System，OS）、**CPU**（Central Processing Unit，中央处理器）和内存等装置。

在应用方面，智能手机也支持流媒体播放等个人计算机专用的服务，因此在功能和性能方面都不逊色于个人计算机。

5G智能手机在4G的基础上提升了用于执行4K画面的3D游戏的设备处理能力，还支持了大屏幕显示，甚至还出现了充分考虑便携性的折叠屏幕手机。

个人计算机向5G智能手机学习先进经验

为了提升单体性能，个人计算机中使用的**GPU**（Graphical Processing Unit，图形处理器）是作为独立封装CPU的芯片配备的，但是存在待机功耗大的问题。

另外，智能手机的CPU为了实现小型 / 低功耗，可以将多个CPU核心（4 ~ 8个）划分为高性能用途和低功耗用途进行独立控制。此外，还可以将负责绘制游戏图形的GPU和CPU封装成单片机结构，因此将用于移动设备的CPU配备到个人计算机中的案例也在不断增加（图5-2）。

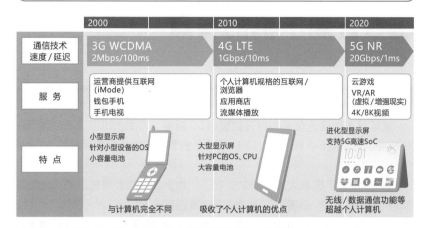

图5-1　5G智能手机的进化过程

图5-2　个人计算机向智能手机学习先进经验

项目	CPU	GPU
作用	终端整体的计算处理	用于3D图形等图像绘制的计算处理
计算处理内容	串行计算处理	并行计算处理
核心数	几个～10个	几千个
计算速度差异	如果只进行图像绘制的计算处理，GPU是CPU的数倍～1000倍以上的计算速度	

知识点

　　智能手机以实现个人计算机那样的便利性为目标充实了各种功能，在通信功能和数据处理能力方面可以与个人计算机相媲美。

　　用于智能手机中的CPU和GPU现在也被用于个人计算机中，在5G时代，个人计算机与智能手机之间的差异正在消失。

» 5G智能手机的特点

5G智能手机与4G智能手机的差异

随着日本通信运营商相继开始提供5G服务，市面上出现了不同类型的5G智能手机。图5-3展示了NTT DoCoMo销售的智能手机的规格和5G功能部分的信息。

与4G智能手机最大的不同之处在于，由美国高通公司生产的无线处理器（SDX55）支持5G通信，因此通信速度远高于4G。

虽然仅使用5G就可以实现高速通信，但是**支持同时使用4G无线部分和数字信号处理，并通过软件配合控制来实现高速通信**也是它的特点之一。图5-4所示为5G终端特点的软件和硬件结构（关于规格的详细内容，将在5-3节中单独进行说明）。

随着5G通信速度提升而进化的部分

为了与5G无线部分进行联动来实现高速运行，高通公司对用于运行应用程序的骁龙865处理器在功能和性能方面进行了优化。

显示屏也针对5G宽带的**流畅的4K视频播放和3D游戏渲染**进行了**性能提升**。

关于相机方面，考虑到视频直播这类使用5G宽带的数据通信，因此使用了高分辨率和像单反相机一样可以虚化背景的照片生成技术。

关于终端本身性能的提升，则是实现了CPU处理高速化、RAM/ROM各种内存的大容量化。

关于软件方面，搭载了谷歌公司开发的Android 10或更高版本的操作系统，提供使用上述先进装置创建新的应用程序的框架支持。

图5-3		5G智能手机的规格	

主要规格	arrows 5G F-51A	AQUOS R5GSH-51A	Xperia1 IISO-51A
芯片组	应用处理器：高通骁龙 865	5G无线处理器：SDX55	
OS	Android™10		
5G频率	Sub6/毫米波	Sub 6	Sub6
最高接收信息速度 5G/4G	毫米波：4.1Gbps/LTE：1.7Gbps	Sub6 3.4Gbps/LTE：1.7Gbps	Sub6 3.4Gbps/LTE：1.7Gbps
最高发送信息速度 5G/4G	毫米波：480Mbps/LTE：131Mbps	Sub6 182Mbps/LTE：131Mbps	Sub6 182Mbps/LTE：131Mbps
显示屏尺寸/分辨率	约6.7英寸/Quad HD +（3120像素×1440像素）	约6.5英寸/Quad HD +（3168像素×1440像素）	约6.5英寸/4K（3840像素×1644像素）
外置/内置相机（分辨率）	3眼（约4800万像素+约1630万像素 + 约 800万像素 ）/约3200 万像素（4K）	4眼（约1220万像素 +约4800万像素+约1220万像素 + ToF 摄像头）/约1640万像素（8K）	4眼（约1220万像素+约1220万像素 + 约1220万像素 + ToF 摄像头）/约800 万像素（4K）
内存/存储器	RAM 8GB/ROM 128GB	RAM 12GB/ROM 256GB	RAM 8GB/ROM 128GB
电池容量	4070mAh	3730mAh	4000mAh

引自：根据NTT DoCoMo"5G支持规格一览表"制作

图5-4	5G智能手机的软件和硬件的结构

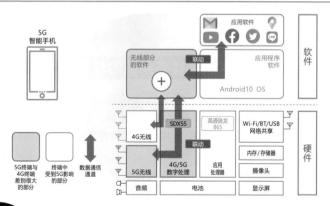

知识点

✓ 虽然5G智能手机仅使用5G也能够实现高速通信，但是通过与4G通信相辅相成，可以实现前所未有的高速化。

✓ 5G智能手机为了将无线部分和其他软件/硬件进行联动操作，在实现视频处理的高速化等方面下了很大的功夫。

» 5G智能手机的无线技术

无线通信频谱与通信速度间的关系

5G无线频率如图5-5所示，包括6GHz以下的频段 **Sub6** 和28GHz以上的 **毫米波** 。

由于通信速度与可使用的频段带宽成正比，因此毫米波比Sub6更高速。这与宽阔的道路能通行更多车辆是同样的道理（参考3-1节）。

在此之前的4G，由于带宽只有几十兆赫左右，是比较狭窄的，为了实现数据通信高速化，使用的是将各个频段带宽相加的被称为载波聚合的技术（参考3-2节）。

如图5-3所示，虽然4G也可以实现通信速度为1.7Gbps的高速化通信，但是可增加的载波数量在物理上是有限的。此外，现有的4G频率还存在由于通信流量紧张而导致运行速度变慢的问题。

综上所述，就需要在5G中增设新的频段，因此我们 **为5G通信带宽分配了Sub6和毫米波** 。

5G智能手机的技术创新是毫米波的使用

支持毫米波的智能手机尚不多见。这是因为，虽然毫米波具有使用宽频段通信来提高性能的特点，但是其无线电波的衰减比4G终端所使用的微波更大，如图5-5所示。当然这与扩大服务区域需要花费的时间也有关系（参考3-4节）。

此外，由于毫米波无线电波的方向性比较强，因此还需要支持即使被障碍物阻挡也不会中断的通信，将无线电波的发射集中在特定方向的无线电波传输被称为 **波束赋形** （参考3-5节）。

另外，Sub6则由于使用与4G相同的微波，无线电波特性也没有太大的变化，因此可以与4G共用 **天线** （图5-6）。

图5-5　5G智能手机使用的频率频谱

频率/Hz	4G频率								5G频率		
									Sub6		毫米波
频率/Hz	700M	800M	900M	1.5G	1.7G	2G	2.5G	3.5G	3.7G	4.5G	28G
NTT DoCoMo	20	30		30	40	40		80	100		400
KDDI	20	30		20	40	40	50	40	100		400
软银	20		30	20	30	40	30	80	100		400
乐天					40				100		400
本地5G										200	900

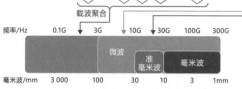

载波聚合

| 频率/Hz | 0.1G | 3G | 10G | 30G | 100G | 300G |

微波　准毫米波　毫米波

毫米波/mm　3 000　100　30　10　3　1mm

直线传播性/衰减量

弱/少　　　　　　　　　强/多

引自：基于移动通信系统用的频率的分配情况制作（VRL：……）

● 毫米波的特点及其与4G的不同

▲ 微波：4G+Sub6
　○ 低频率下会衍射（电波会弯曲）
　○ 空间传播过程中衰减很小

▲ 毫米波：5G中导入
　○ 直线传播性非常强
　○ 空间传播过程中衰减很大
　○ 强方向性，需要高增益天线

图5-6　使用毫米波的波束处理

Sub6：没有方向性，电波呈放射状　　　毫米波：有方向性，电波呈束状

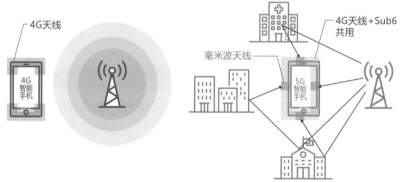

4G天线

4G智能手机

4G天线+Sub6共用

毫米波天线

5G智能手机

知识点

✐ 无线通信中，使用的频段越宽，其通信速度就会越快，而5G则果断采用了可使用更宽频段的毫米波频段。

✐ 毫米波具有4G中所没有的无线电波方向性，其关键在于运用天线来充分发挥5G智能手机真正的价值。

5G智能手机的应用软件处理技术

5G应用软件支持具有特色的服务

如果数据没有达到一定的传输速度，应用软件的显示就会出现不顺畅或卡顿的情况，但即便是使用4K观看YouTube的视频，有50Mbps的传输速度也足够了（图5-7）。

可以充分发挥5G高速通信的重量级应用预计将会作为发送和接收图像与视频内容的服务而被广泛使用，因此在Android 10及更高版本的操作系统中也采用了以下机制：

（1）为了实现大屏幕显示而使用折叠式终端时，无缝切换因打开和关闭屏幕所产生的显示差异的功能。

（2）从配备多个摄像头的装置获取拍摄对象与背景之间的距离信息[注1]，并通过应用程序处理背景虚化的功能。

（3）提供判断可连接使用5G/按量收费的接口，并支持专门针对5G环境的服务开发。

软件处理性能方面的进步

在5G终端的软件处理芯片中，配备了名为高通骁龙的处理器。

高通骁龙不仅包括CPU，还包括GPU和ISP（Image Signal Processing，图像信号处理器），对软件进行整体性控制的系统发挥着SoC（System on Chip，芯片级系统）的作用（图5-8）。

Android操作系统也在考虑提升SoC性能，通过提供可以从Google Play下载最新的GPU驱动程序的机制，满足用户对**游戏处理舒适性的提升**的需求。

此外，通过将SoC中包含的设备温度信息传输给应用软件，便可以**根据温度情况限制运行，并防止散热失控**。

[注1] 被称为景深，表示相机对焦的范围。

图5-7

图5-7　　　　为5G应用软件的进化做准备

应用	通信速度
电子邮件/LINE	128kbps～1Mbps
浏览器	1～10Mbps
YouTube	依赖于5～25Mbps的分辨率
Google Play	依赖于移动网络

随着折叠的开关
UI显示平滑过渡

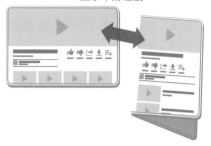

Android 10功能	目　的
多摄像头	创建虚化的相机图像
确认5G连接	新的5G开发支持
散热处理	改善装置性能
GPU驱动更新	优化游戏性能

图5-8　　　　SoC 支持的功能

SoC

CPU	ISP
GPU	高速缓存
其他	

高通骁龙865

芯片	作　用
ISP	● 支持 4K/8K 视频 ● 可以将标准/长焦/广角的静止图像相机图像组合并自由地进行加工
GPU	用于游戏加速处理
CPU	高速运行整个终端系统的处理器
高速缓存	● 与CPU结合使用的高速内存 ● 有助于终端响应

知识点

✎Android操作系统中使用了与5G同步进化的屏幕和多个摄像头，并配备了可以创建5G特有的应用软件的机制。

✎Android操作系统还支持发挥SoC最大使用性能的功能，并提供高速且稳定运行应用软件的机制。

» 5G智能手机的外形

通信速度与显示屏的关系

智能手机的通信速度与**显示屏、分辨率**息息相关。观看YouTube视频时所需的显示屏尺寸和分辨率之间的关系如图5-9所示。

分辨率越高，画面就会越清晰，数据通信所需要的速度也就越高。

但是，像智能手机这类小的显示屏，我们的眼睛是无法区分全高清以上的WQHD[注2]这样的分辨率的，观看4K视频处于一个未充分发挥5G通信速度的状态中（图5-9）。

此外，与通信速度相关的特点还包括显示屏的刷新率。刷新率是一种表示画面更新频率的指标，那些快速移动的运动类视频一般是60Hz。

视频内容本身的帧数[注3]要求与刷新率相同，因此使用5G的60帧/秒以上的视频内容预计今后将不断增多（图5-9）。

5G智能手机外形的进化

为了提供充分利用5G高速通信的服务，需要屏幕较大且具有便携功能的显示屏。

由于有了这类需求，虽然因为耐用性等问题，市场上还没有普及这类显示屏，但是屏幕可以折叠使用的智能手机已经开始上市了。

图5-10所示为折叠式智能手机。Android 10已经搭载了支持显示折叠终端的功能，因此当出现充分使用显示屏新形状且针对5G的应用软件时，就有可能**极大地扩展智能手机传统的用途和应用范围**。

[注2] 高清画质（1280像素×720像素）的4倍的分辨率。图5-3中的QHD+是将WQHD在纵向上延长的显示屏。
[注3] 表示视频内容中每秒更新多少张图像。

图5-9 **观看YouTube视频时所需的显示屏尺寸与分辨率之间的关系**

(1) 分辨率与通信速度的关系

视频分辨率	观看YouTube视频时的网络通信速度
8K	80 ~ 100Mbps
4K	25 ~ 40Mbps
WQHD	10Mbps
全高清	5Mbps

(2) 分辨率的种类

(3) 刷新率与通信速度的关系

虽然144Hz时数据通信速度需要达到60Hz时的2.4 (144/60) 倍,但是画面流畅程度也要高出2.4倍

图5-10 **屏幕折叠式智能手机的种类**

三折型手机

纵向折叠型手机

横向折叠型手机

知识点

✐ 受5G高速通信影响最大的是显示屏,因为显示屏也需要支持高清和高刷新率。

✐ 保持便携性且具备大屏幕的折叠式显示屏手机,会颠覆传统智能手机的外观。

» 5G智能手机的摄像头

5G智能手机的多镜头相机的实现技术

随着智能手机通信速度的提高，所处理的内容也会受到影响，特别是相机需要实现更高的性能。

具体体现包括上传4K/8K拍摄的高画质视频，并在电视上观看的案例将会越来越普及。

为了让大家理解智能手机中搭载的相机，我们展示了它的基本原理，如图5-11所示。

相机是由聚光的镜头（❶）、将来自镜头的光转换为模拟电信号的图像传感器（❷）、对图像传感器输出的数字数据进行图像处理的ISP（❸）构成的。

要实现高质量的图像和视频，图像传感器的尺寸（像素数）、镜头的大小和亮度属于决定性因素。

由于智能手机需要具备小且轻薄的特点，因此通过将多个不同焦距的小型镜头平行排列（多镜头相机），并**将它们适当地进行切换使用的方式，便实现了与高端相机类似的光学变焦功能。**

使用ToF传感器生成媲美单反的虚化效果

ISP用于执行与图像相关的各种不同的处理。例如，白平衡调整、自动对焦和8K高分辨率数据的高速数字处理都是在ISP内部执行的。

除此之外，为相机的背景增加虚化功能的**ToF**（Time of Flight）相机的图像也是使用ISP进行数字信号处理的（图5-12）。ToF相机的原理是使用激光对拍摄对象和背景进行照射，将返回到接收镜头的时间差信息传递给传感器，并将背景和拍摄对象作为独立的物体通过软件进行处理，生成虚化背景，使拍摄对象更为突出。

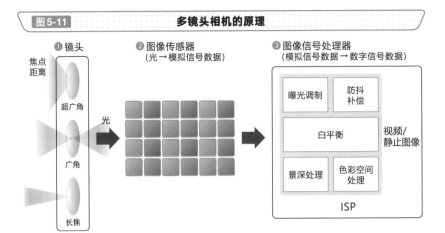

图5-11 多镜头相机的原理

❶ 镜头

焦点距离

超广角

广角

长焦

光

❷ 图像传感器
（光 → 模拟信号数据）

❸ 图像信号处理器
（模拟信号数据 → 数字信号数据）

曝光调制　防抖补偿

白平衡

景深处理　色彩空间处理

视频/静止图像

ISP

图5-12 使用 ToF 虚化背景的图像处理

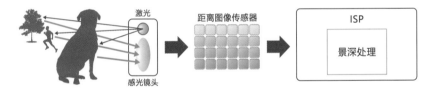

激光

感光镜头

距离图像传感器

ISP

景深处理

❶ 使用传感器记录拍摄对象与
　背景间的距离信息

❷ 背景与拍摄对象分别作为独立的物体进行加工,通过软件
　处理可以生成使拍摄对象更为突出的照片

拍摄视野深度较深

拍摄视野深度较浅

知识点

✎ 5G的高速通信随着上传视频的需求而得到普及，因此就需要可以拍摄高
　画质、高清图像和高清视频的智能手机。

✎ 由于智能手机的外形轻薄，因此通常是将不同焦距的相机并排进行拍摄并
　通过软件进行高画质处理的。

≫ 5G智能手机的游戏

5G智能手机是游戏手机的代表

对于智能游戏手机，使用3D处理渲染高清图像以及多人实时在线玩游戏的情况已经司空见惯。

但是低配的智能手机在玩游戏的过程中屏幕会显示"内存不足""处理速度优先，降低画质"等信息，因此满足玩游戏条件的智能手机被称为智能游戏手机（图5-13）。

5G智能手机中搭载的骁龙865应用处理器，会被贴上表示符合智能游戏手机规格的名为骁龙 ELITE GAMING 的商标。

云游戏与在线游戏

在此之前的游戏是下载应用软件后，通过服务器和命令通信在线玩游戏的，因此游戏处理是由智能手机的处理器完成的。而云游戏则是以流媒体分发的形式提供游戏服务的。

游戏玩家将控制器的操作通过互联网传输到云端，云端将实际的游戏处理结果作为视频发送给用户进行游戏。

因此，要实现这一处理就需要确保大容量、低延迟的传输（图5-14）。

云游戏的优势在于，只要能够连接互联网且拥有配备了高刷新率显示屏的终端，就可以轻松愉快地玩复杂的对战游戏。今后，随着5G的发展，想必该服务会得到普及。

图5-13 智能游戏手机需要具备的条件

装置	规格	内　容
CPU	骁龙 ELITE GAMING 品牌 SoC	高速的数据处理、优秀的响应指标
GPU		专门用于图形处理的数字信号处理能力指标。影响游戏性能
RAM	8GB以上	用于数据处理的临时存储。容量越大，应用切换越快
ROM	128GB以上	可保存数据的记录。保存照片、视频、游戏
显示屏	刷新率在60Hz以上	指流畅显示画面的显示性能的指标
	支持HDR	HDR为High Dynamic Range的缩写。扩大传统的明暗表现范围，实现高对比度表现的技术
音频	支持高分辨率	支持使用超越CD音质的高分辨率音源的耳机或耳麦享受游戏的技术

引自：高通（URL: https://www.qualcomm.com/products/smartphones/gaming）

图5-14 使用5G通信的云游戏的形态

	云游戏	在线	线下
通信流量	产生	产生	不产生
绘图处理	云端	终端内GPU	终端内GPU
通信形态	流媒体	下载/命令	下载
宽带	5G大容量、低延迟传输	普通的4G高速通信	无
游戏形式	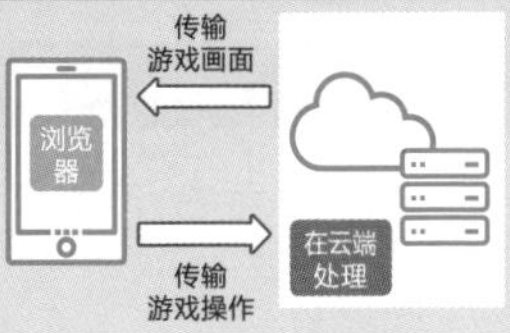 传输游戏画面　浏览器　传输游戏操作　在云端处理	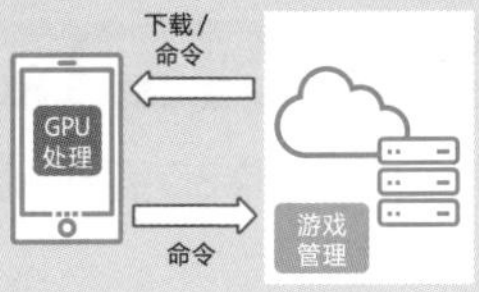 下载/命令　GPU处理　命令　游戏管理	

知识点

  只要智能手机使用了骁龙ELITE GAMING的商标就表示满足智能游戏手机的条件。

  使用5G无线网络的云游戏需要实现5G的大容量、低延迟服务，5G网络的铺设对实现普及很重要。

» 5G智能手机的虚拟现实技术

360°摄像机与虚拟现实的关系

由于5G通信高速化的实现，因此人们对以前因为通信带宽不足而难以实现的视频播放服务的普及寄予了厚望。

其中，正在讨论的是使用360°摄像机拍摄的全景视频，从而在VR（Virtual Reality，虚拟现实）中享用服务（图5-15）。

360°摄像机在机身的前后都配置了镜头，可以将两个摄像机拍摄的视频用USB或Wi-Fi连接发送给智能手机。

传输的图像使用专用的应用软件进行数字化处理，将180°图像进行无缝连接并将其转换为360°图像，并与Facebook或YouTube账号协作进行**实时播放**。

发送的图像可以在智能手机和PC上以360°视频的形式观看，如果使用**VR眼镜**，还可以沉浸在摄影师所体验的风景中。

支持VR眼镜的智能手机

YouTube上支持3D播放的视频，一般会在画面右下角显示VR眼镜图标。

点击这个图标就会进入将画面分成两个部分的VR模式。VR使用的是为双眼准备不同角度拍摄的视频，将它们合成在一起后，看上去会有立体感的原理（图5-16）。

由于360°视频的场景是全方位地连接风景，图像与普通的视频不同的是更有深度感，因此可以与配戴了VR眼镜的头部联动看到360°方向上的图像，体验到拍摄时的临场真实感。

安装了VR眼镜的智能手机中的传感器是通过检测头部的旋转和倾斜，并跟踪所拍摄的360°图像来实现这一处理的。

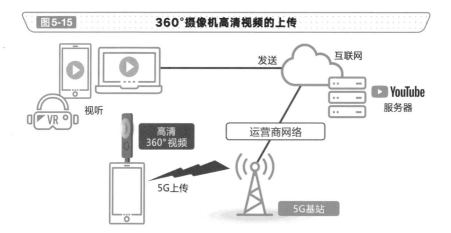

图5-15　360°摄像机高清视频的上传

发送　互联网

YouTube
服务器

视听

高清
360°视频

运营商网络

5G上传

5G基站

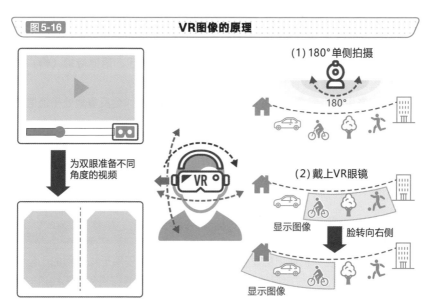

图5-16　VR图像的原理

为双眼准备不同
角度的视频

(1) 180°单侧拍摄

180°

(2) 戴上VR眼镜

显示图像

脸转向右侧

显示图像

知识点

✐ 可以使用5G智能手机实现传输360°摄像机的VR图像的用例。

✐ 通过将智能手机中内置的传感器与头部动作联动, 可以将其作为VR眼镜
来观看360°图像。

》 5G智能手机的低功耗化

5G智能手机不擅长的处理

5G智能手机的电池续航能力稍微低于4G，而电池容量则比以往更大（图5-17）。

智能手机的内部状态可以分为待机中（**❶**）和通信中（**❷**）两种，状态是否迁移取决于有无通信数据包。

如果是NSA方式（参考4-7节），即使是5G终端，待机中也能接收4G信号进行操作，因此电流的消耗与4G终端相同（图5-17）。

待机过程中产生数据包通信时就会开始进行5G通信，由于发送和接收数据的带宽远远超过4G，因此即使是在不发生数据包的通信待机（**❸**）状态中，恒定的无线电流值也是较高的。

分散产生的少量数据包的网页浏览和聊天这类操作会反复地处于通信和通信待机状态，因此电流消耗会比4G更多。

另外，在进行大文件的上传和下载处理时，可以高效使用无线部分高速发送和接收数据包，如果没有通信数据包，则会比4G更快速地返回到待机状态，因此可以降低电流消耗。

优化通信频段，降低功耗

虽然5G智能手机使用的是宽频段通信，但是对于用于物联网的小型无线设备而言，显然是过度设计的通信，因此也提供了根据设备的无线通信能力缩小通信频段的控制方式的机制。

技术人员正在研究使用可变带宽控制，在数据包量少时缩小通信带宽进行通信，从而降低功耗以实现智能手机的低功耗化。

如图5-18所示，像流式数据包的通信那样，当数据包的接收量发生巨大变动时，可以通过动态增减带宽来控制电池的消耗。

虽然目前的商用服务还没有实现这一处理，但是今后5G终端的续航能力是有望得到提升的。

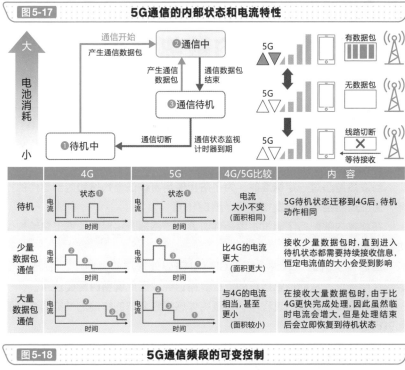

图5-17 5G通信的内部状态和电流特性

	4G	5G	4G/5G比较	内 容
待机	状态❶	状态❶	电流大小不变（面积相同）	5G待机状态迁移到4G后,待机动作相同
少量数据包通信			比4G的电流更大（面积更大）	接收少量数据包时,直到进入待机状态都需要持续接收信息,恒定电流值的大小会受到影响
大量数据包通信			与4G的电流相当,甚至更小（面积较小）	在接收大量数据包时,由于比4G更快完成处理,因此虽然临时电流会增大,但是处理结束后会立即恢复到待机状态

图5-18 5G通信频段的可变控制

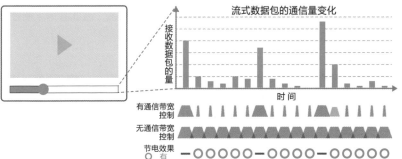

知识点

∥5G智能手机产生的恒定电流较大,因此那些分散的少量数据包通信的数据传输可能降低电池的续航能力。

∥5G支持物联网设备这类低配置硬件装置以缩小带宽的方式进行通信,这种方法也可以用于智能手机的低功耗化中。

第**5**章

5G智能手机的特点

119

» 5G智能手机的散热处理

以性能为前提的散热处理的重要性

如果长时间使用智能手机玩3D游戏或拍摄视频，就可能增加CPU的负载，并使其发热。

当发热量超过一定标准时，为了防止使用者被低温灼伤和内部零件的损坏，温度过热控制就会发挥作用（图5-19）。

在终端内部配备了测试主要硬件温度的传感器，将温度信息汇总给软件进行异常监控。

当温度上升时，软件会降低CPU和GPU处理器的时钟[注4]，由于这会导致性能降低，从而使触摸屏的反应变得迟钝，因此**调整时需要注意**。

在优化散热处理的过程中，需要将体感很难分辨的终端的性能通过数值化进行确认。

具有代表性的做法是使用名为安兔兔的应用软件将画面显示的速度、游戏性能的测试结果以分数显示（图5-19）。

由于终端的过热控制与性能提升是表里一体的关系，因此考虑平衡性进行调整是一个优秀终端的必备条件。

5G通信的温度上升控制算法与终端的散热设计

5G终端也考虑了通信中温度上升的控制，如图5-20所示，通常包括降低数据通信期间的传输功率（❶）、控制通信时的数据来增加不进行发送和接收的时间控制（❷）。

并且在5G中还会进行最终停止5G通信切换为4G通信的控制（❸），但是如果这样做，使用5G终端也就没有意义了。

由于5G终端功耗大且温度比4G终端更容易上升，因此从终端本身的结构来看，不能将散热集中在一个地方，而要**实施将其扩散到终端整体使温度不上升这种最根本的散热对策**。

[注4] 装置运行的速度。虽然运行速度越高，其处理速度也会越快，但是功耗也越高。

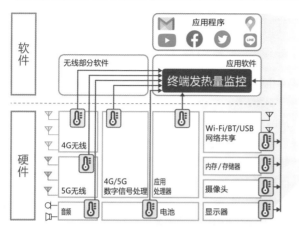

图5-19　5G智能手机的温度监控与性能评估

分数	安兔兔测试内容
CPU	测试终端整体的综合性能，分数会影响响应速度和显示速度等
GPU	测试游戏等图形性能，分数主要影响3D游戏
UX	测试用户体验，影响响应速度、显示速度和平滑度等使用感受
MEM	内存分数。测试RAM和ROM的读/写速度，分数影响应用程序的启动速度和切换时间

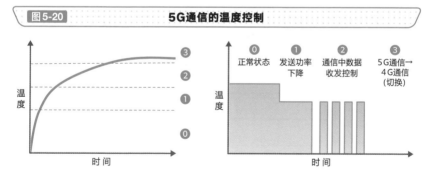

图5-20　5G通信的温度控制

知识点

✎ 对于5G智能手机的过热控制，从性能方面考虑来进行调整是方便使用的终端所必备的条件。

✎ 基于5G智能手机通信的散热处理并不能实现完全的控制，需要将终端本身设计成难以过热的结构。

智能手机的处理性能测试（安兔兔）

专门用于测试智能手机性能的应用软件（安兔兔）可以从https://www.antutu.com中下载并进行安装。

测试基准是从CPU性能、GPU性能、内存性能、用户体验性能这4个方面进行综合测试并显示测试结果的（参考5-10节）。

我们可以将针对智能手机测试的结果，与经过同一个应用软件测试后的其他终端进行比较，从而把握排名情况，可以根据这些信息来进行调整，使其不会发生过热现象和性能下降的情况。

安兔兔App的显示画面

安兔兔Benchmark

566150

实施测试

电池温度 x℃ CPU占用率 y%

		终端内容

	排名

	自己	参考手机
CPU	184491	182827
GPU	189632	220839
MEM	109123	102816
UX	82814	87927

显示终端安装内容

分数 566150　95位

除了确认终端的详细内容，还可以看到列表中显示的其他安装设备和软件的详细信息，如果需要了解智能手机的详细内容，可以通过该一览表看到一些简单的信息。

第6章

5G智能手机的工作原理

包括物联网设备在内的智能手机与网络的关系

» 5G智能手机的通信技术的进化

天线/无线电波数据的多重化是5G高速通信的关键

5G通信技术是由从4G逐步进化形成的高速化通信关键技术和继续沿用的4G技术共同组成的。图6-1展示了经过3GPP[注1]标准化的技术的迁移过程（关于每种技术的详细内容，将在后续的小节中进行讲解）。

高速化通信的关键技术是从使用多个天线和频段，对数据进行一次性收发的❶~❸的4G技术进化到5G的。

❶使用多个天线收发数据的多路通信的MIMO天线技术（参考3-5节）。

❷将不同的频率相结合，实现多路通信的载波聚合技术（参考3-2节）。

❸用4G辅助5G通信的同时，收发数据的双连接技术（参考4-7节）。

虽然5G智能手机是结合上述关键技术实现高速化处理的，不过，像**语音和物联网通信这类技术则是继续沿用4G技术的，如图6-2所示**。

用4G弥补5G功能上的不足

5G的系统实现技术中，制定了被称为NSA方式和SA方式的两种规范。

早期的5G服务以使用NSA方式为主。NSA方式同时使用4G和5G进行通信，但是它们各自发挥的作用是不同的。

4G主要负责建立和维持基站与移动设备之间的连接（控制平面，Control Plane），5G则只负责使用互联网实现数据通信的高速化（用户数据平面，User data Plane）。这一实现方式被称为C/U分离[注2]，其使用了从4G进化而来的技术。

[注1] 3GPP（Third Generation Partnership Project）是一个将新的无线技术在被称为Rel.（Release）的范围内进行划分，并对规范进行讨论，将其标准化的国际项目。

[注2] 在不同基站范围的小区或宏区之间，对控制或用户数据进行分离或运用的技术。

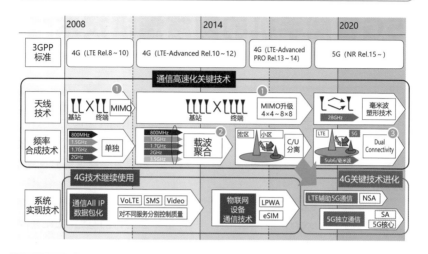

图6-1　5G 智能手机的通信技术的进化

图6-2　数据通信高速化的方法

分类	关键技术	说　　明	5G进化 / 继续沿用
通信高速化	C/U分离、双连接	● 利用无线电波覆盖区域差异的技术 ● 应用 5G 的 NSA 方式实现早期的 5G 服务	进化
语音相关技术	VoLTE/ 短信 / 视频	● 将语音和视频数据作为与互联网通信相同的数据包通信进行统一管理的技术 ● 也能充分满足 5G 所需的品质和性能	继续沿用
物联网技术	LPWA	● Low Power Wide Area 通信技术已经实现 4G 商用化 ● 基本满足 5G 的需求	继续沿用
	eSIM	通过将 Embedded（嵌入类型）SIM 应用到物联网设备 / 本地 5G 中实现服务的普及	继续沿用

知识点

✎ 5G 高速通信是结合使用从 4G 进化而来的关键技术实现高速化的，但是语音通信这类技术则继续沿用 4G 技术。

✎ 5G 的 NSA 方式是一种从 4G 中吸收系统运行中所缺乏的技术，用 4G 弥补 5G 功能上的不足的早期服务方式。

» 5G智能手机的网络连接技术

连接5G基站的方法

5G智能手机**前期**连接网络的方式**与4G智能手机相同**（图6-3）。

当手机终端开机后，就会开始执行4G基站到运营商核心网络的注册处理（❶）。这一基本动作被称为**Attach**（吸附），需要为终端设备分配通信所必需的IP地址[注3]。

从与5G的协作方式来看，4G基站可以分为两种，一种是与5G基站配合运行的基站enhanced LTE（**eLTE**）；一种是单独运行的基站（LTE）。经过Attach处理后会进入待机状态，这一点与4G是相同的。

接下来，当移动设备发生数据通信时，eLTE基站会准备"添加5G基站"以实现与5G基站协同运行（❷）。

eLTE基站会将基站连接方式由4G单独连接变更为与5G协同运行，用基站连接Reconfiguration（重新配置）信息通知智能手机（❸）。智能手机处理了这一信息后，就会连接到5G基站，完成双连接中的"确立5G连接"处理（❹）。

显示5G标识的时机

移动设备中显示5G标识的时机会根据待机中或通信中的状态以及eLTE/LTE连接基站的不同而有所不同（图6-4）。

智能手机与5G基站进行通信时会显示5G标识，使用LTE的同时进行通信也会显示5G标识。

通信结束后，智能手机会切断与5G基站的连接，在eLTE基站中进入待机状态（参考5-9节），由于随时都可以从待机状态切换到通信状态进行5G通信，因此待机过程中也会**显示5G标识**。此外，终端在LTE基站中待机或通信时则会显示4G标识，如果终端有意向在eLTE基站中使用4G通信，那么也会显示4G标识[注4]。

[注3] 关闭电源时删除网络注册的处理则称为Detach（分离）。

[注4] 例如，手机温度上升时切断5G连接转为4G通信的场合（参考5-10节）。

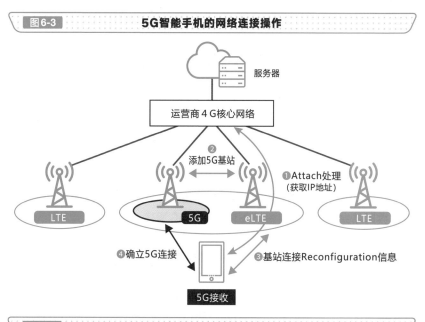

图6-3 5G智能手机的网络连接操作

图6-4 显示5G标识的时机

状态	eLTE		LTE
待机	5G		4G
通信	5G	4G	4G

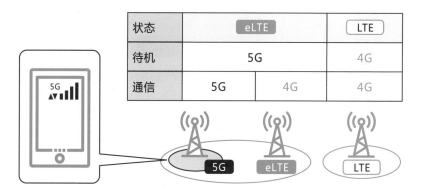

知识点

✓智能手机的5G连接操作在前期与4G相同。5G基站以在4G网络中添加5G基站的形式改变网络结构，从而实现终端对5G网络的访问。

✓5G的待机动作是在4G网络上执行的，由于任何时候都可以进行5G通信，因此终端会显示5G标识。

» 5G智能手机的高速化数据通信

5G和LTE的同步通信机制

5G商用服务为了实现最高4Gbps的下行链路通信速度，提供了同时进行LTE和5G通信的同步通信功能。

同步通信并不是在任何情况下都会发生的，只有在连续发送和接收大容量内容时才会发生，通常情况下优先使用5G通信。图6-5所示为同步通信机制。

移动设备从服务器经由5G基站接收数据，基站端会一直监控移动设备的数据接收量（❶）。当数据接收量不断增加并超过一定基准时，系统就会对数据进行分割，同时使用5G和4G进行通信（❷）。

移动设备则会使用软件将通过5G和LTE同步接收的数据进行合成，从而从服务器准确地接收数据[注5]。

网络共享与移动路由器的区别

智能手机在使用网络共享功能时，也会产生高速的数据通信。网络共享是tether（连接）的意思，通过其他装置进行本地通信的方式相互连接。

本地通信根据不同的目的可以分为很多种，需要注意的是，有时本地通信的性能可能会成为互联网通信的阻碍。

另外，专门用于数据通信的移动路由器类型的终端往往会更早提供对Wi-Fi和USB最新标准的支持，以提升本地通信和互联网通信的性能（图6-6）。

此外，移动路由器也不会受到智能手机外壳变薄的限制，甚至可以搭载有线局域网功能，最大限度地提高天线性能，因此可以实现流畅的互联网通信。

[注5] 数据发送时是否选择同步通信是由智能手机根据其管理的缓冲区中的传输数据量来确定的。

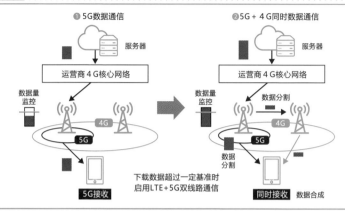

图6-5　　5G智能手机的5G、LTE同步通信的原理

❶ 5G数据通信

服务器

运营商 4G 核心网络

数据量监控

4G

5G

5G接收

下载数据超过一定基准时
启用LTE+5G双线路通信

❷5G + 4G同时数据通信

服务器

运营商 4G 核心网络

数据量监控

数据分割

4G

5G

数据分割

同时接收　数据合成

图6-6　　网络共享与移动路由器的区别

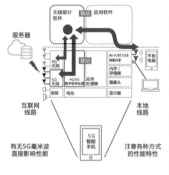

无线部分软件　应用软件

服务器

联动

4G无线

5G无线

音频　4G/5G数字信号处理

电池

Wi-Fi/BT/USB网络共享

内存/存储器

应用处理器

摄像头

显示器

平板电脑

本地线路

5G智能手机

有无5G毫米波
直接影响性能

注意各种方式
的性能特性

互联网线路

本地线路

本地/网络线路	智能手机网络共享5G通信速度	移动路由5G通信速度	说明
无线局域网	△	○	大多数智能手机的网络共享功能存在不支持Wi-Fi最新标准的情况
USB	○	○	虽然比 Wi-Fi 网络共享更加高速，但是不支持多个终端同时连接。智能手机与路由器没有什么太大的区别
蓝牙	×	—	电池续航能力强，但是通信速度慢，不适合用于高速通信。不支持移动路由器
有线局域网	—	◎	最高速的通信，但是智能手机不支持
互联网线路（5G）	○	◎	移动路由器是专门用于数据通信的终端，易于优化无线性能

◎：超高速　○：高速　△：快　×：慢　—：不支持

知识点

　⌇虽然5G具有与4G协同工作并实现通信速度最大化的功能，但是仅用于
　　大容量内容的发送和接收，通常情况下只会选择使用5G进行通信。

　⌇虽然网络共享也使用5G高速通信，但是容易受到与设备连接的通信部分
　　的影响，因此性能不如单独移动路由器。

» 5G智能手机的语音通信

使用4G进行语音通信的优势

5G商用服务中的语音通信是通过使用4G的**VoLTE**（Voice over LTE）实现的。

VoLTE不是3G中那种使用语音专用线路进行的通话，而是采用基于IP地址将通信数据包发送给对方的分组通信方式（参考4-2节和4-3节），通过一种被称为**IMS**（IP Multimedia Subsystem）[注6]的集成多媒体服务来实现语音通话的技术。

运营商核心网络中，包括互联网通信在内的不同类的服务数据包都是作为**IP数据包**统一进行管理的，核心网络扮演着决定通信质量和数据包转发延迟优先级的角色。

例如，使用互联网的LINE通话和VoLTE，在通信繁忙期间和移动时具有完全不同的通信质量（图6-7）。

当带宽为50Hz～7kHz时，对语音进行采样并进行数字化处理的比率也更高，因此比起3G通话，VoLTE可以更真实地再现通话者的声音。此外，它还支持进一步提升VoLTE音质的VoLTE（HD+）服务，因此可实现媲美FM广播的音质（图6-8）。

5G中语音通话的实现

使用5G通信本身是可以进行语音通话的，但是由于制定了名为VoNR [Voice over NR（5G）]的规范，语音通话只需占用十几千比特率的带宽，并不需要那么高的性能，因此4G也足以满足所需的语音通信质量。

使用5G进行语音通话时，还存在基站的覆盖区域的问题。由于支持5G的基站覆盖区域狭窄，因此基站之间会频繁地发生交接处理（图6-7）。

此外，像语音那样连续通信的服务，还存在通话中断和断线等质量问题。因此要支持5G语音通信就必须**扩大5G的覆盖区域**。

[注6] 短信和电视电话等功能也是作为IP数据包通过IMS进行通信的。

图6-7 **5G智能手机的语音通话原理**

应用服务器
语音 / 视频 / 短信等

IMS网 **VoLTE**

互联网

运营商核心网络（IP数据包统一管理）

数据包转发
优先级：
VoLTE > LINE

4G 宏区：区域较大

5G

5G

4G

小区：
区域狭窄

交接 交接

5G终端

5G的语音通信VoNR与VoLTE相比，会频繁地迁移
到不同基站，语音质量可能会下降

LINE通话 VoLTE 4G语音通信

图6-8 **VoLTE 通话的语音质量**

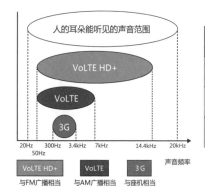

人的耳朵能听见的声音范围

VoLTE HD+

VoLTE

3G

20Hz 300Hz 3.4kHz 7kHz 14.4kHz 20kHz
50Hz

声音频率

技术要素	3G 语音	VoLTE	VoLTE HD+
声音频率 /Hz	300～3 400	50～7 000	50～14 000
声音采样频率 /kHz	8k	16	32
声音数据传输速度 /Kbps	12.2	12.65	13.2

VoLTE HD+ 与FM广播相当

VoLTE 与AM广播相当

3 G 与座机相当

引自：根据NTT DoCoMo "VoLTE/VoLTE(HD+)" 绘制

知识点

∥ 使用VoLTE的语音通信，其系统性的数据管理是由4G网络实现的，比使用互联网的LINE类软件的通话质量更高。

∥ 使用5G进行语音通信时，如果不先扩大支持5G的覆盖区域，就会导致通话质量比4G网络更差。

» 5G智能手机的互联网通信速度

通信性能是由端到端决定的

智能手机经常访问的互联网站点会精减网站内容的尺寸，以便低速终端也能够正常显示。

要实现让用户感觉页面能够很轻松地显示的响应速度，比起通信线路的高速性，网络的**延迟性能**更为重要。

网络的延迟性能可以使用PING（Packet Internet Groper）进行测试。具体方法是指定互联网上的服务器的IP地址，从终端发送测试用的数据包，对经由通信端服务器返回自己终端的时间以端到端的方式进行测量（图6-9）。

通信路径相当于从终端内部处理、无线区间、运营商核心网络、互联网到服务器的内部处理（图6-10）。

5G无线区间的延迟时间是4G的1/10，不过这只是无线区间内部的处理时间，实际上其他部分产生的延迟时间要更多。因此，目前的情况是5G智能手机和4G智能手机在网络延迟上并没有太大的差别。

降低延迟必须使用5G的基站架构

5G系统是**通过5G构建所有的运营商核心网络和基站来实现标准化的低延迟通信规范**的。具体是通过支持在运营商核心网络内部设置服务器的MEC（Mobile Edge Computing）功能，从而减少互联网通信所产生的部分延迟。除此之外，还有针对每种服务而优化网络结构以及确保低延迟性能的服务和大容量通信的服务性能，即网络切片功能。虽然5G商用服务还不支持这些功能，但是预计今后会逐步进行引入。

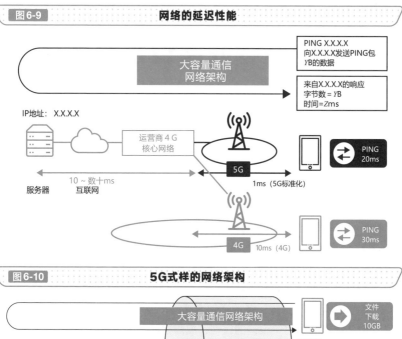

图6-9　　网络的延迟性能

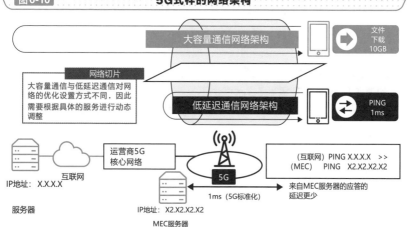

图6-10　　5G式样的网络架构

✍ 使用智能手机的浏览器而进行的通信重视低延迟性能，因此经由互联网部分的通信延迟是需要改善的问题。

✍ 虽然使用5G规格的网络和基站的架构可以改善网络延迟性能，但是应用到实际中还需要一段时间。

» 5G中大量物联网设备的连接

4G功能在5G中的沿用

目前，5G商用服务正在通信流量需求较大的地区推广高速且大容量的服务。

另外，由于要求一定程度的5G覆盖范围，因此用于物联网设备的名为mMTC（massive Machine Type Communications）的大规模机器类连接服务现在还未正式开始提供服务。

mMTC中使用被称为LPWA（Low Power Wide Area）的设备具有可实现低功耗以及远距离、大范围通信的特点。

在4G中也使用了LPWA技术，如图6-11所示，包括名为LTE-M（LTE-Machine）的用于可穿戴设备的通信方式，以及名为NB（Narrow Band）-IoT的用于智能电表这类设备的管理、故障检测的通信方式。

由于这些4G的LPWA设备可以持续使用10年以上，因此即使扩大了5G的覆盖区域，要升级到5G网络也不是一件容易的事情。因此，对于基于mMTC提供的服务，业界目前正在研究**在使用4G中的LPWA技术的同时，逐步地进化到5G**的可行性。

LPWA进化的方向性

mMTC有关的5G性能目标包括低功耗化、通信距离最大化、增加连接装置数量3项。其中，关于低功耗化和通信距离最大化，业界正在研究**朝着与5G完全相反的方向推进技术的实现**（图6-12）。具体包括低功耗化将进一步深入发展窄带通信技术。通信距离最大化则是通过将天线数量降低到1个等方式来简化装置结构，同时通过重复发送数据来提升数据传输的可靠性。增加连接装置的数量不是使用4G技术，而是研究采用考虑到物联网设备特性的5G式样的多路通信方式，不过这些都是还没有完全确定下来的技术。

图6-11　4G的LPWA技术的特点

	LTE（最低速度）	LTE-M（LTEMachine） 	NB（Narrow Band）-IoT 
设备	—	可穿戴/监护设备	智能电表/设备管理/故障检测
用途	—	伴随较大量的收发数据的低中速移动通信	虽是静止/少量数据通信，但通信距离较长
移动性	√	√	×
使用频段宽度	5～20MHz	1.4MHz	200kHz
通信速度	上行：5Mbps 下行：10Mbps	上行：300Kbps 下行：800Kbps	上行：62Kbps 下行：21Kbps
最大通信距离	—	LTE的5.6倍	LTE的10倍
电池使用寿命	—	10年以上	10年以上

朝着与5G完全相反的方向发展（窄带化/低速通信）

在5G中将继续发展这两种4G技术

图6-12　5G 中 LPWA 的进化方向

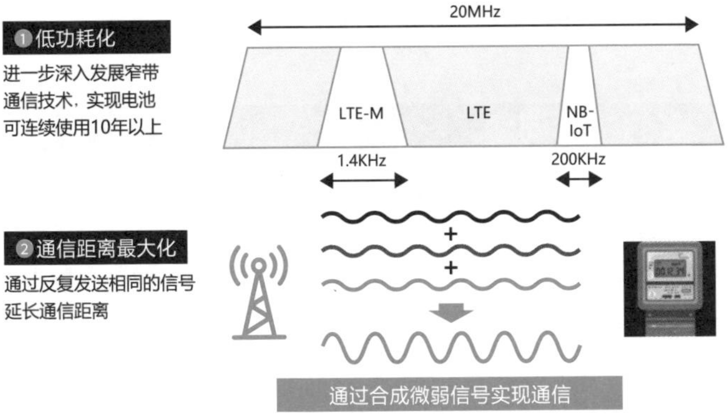

❶低功耗化

进一步深入发展窄带通信技术，实现电池可连续使用10年以上

20MHz

LTE-M　LTE　NB-IoT

1.4KHz　200KHz

❷通信距离最大化

通过反复发送相同的信号延长通信距离

通过合成微弱信号实现通信

继续改善现有技术，实现低功耗化和通信距离最大化

引自：根据NTT DoCoMo"海量/多样化终端连接——无线技术的进化"绘制

知识点

✎通过灵活运用现有的4G技术来实现5G的大规模连接的特色服务的方案目前仍在研究中。

✎LPWA的低功耗化、延长通信距离技术的进化，将通过采用与普通的5G完全相反的技术来实现。

》 5G中低延迟通信的实现与问题

5G技术在车联网中的运用

目前，业界正在研究将5G所具有的高可靠、超低延迟特点的无线通信技术**应用到被称为互联网汽车的汽车中**（参考7-4节）。

互联网汽车是指持续连接到网络中，并与周围的车辆进行信息交换的汽车。**C-V2X**（Cellular Vehicle to Everything）就是其中强有力的候选通信手段之一。

如图6-13所示，C-V2X支持以下两种通信方式，互联网汽车通过在（1）和（2）之间相互进行联动来收集信息，实现更高的安全性和便利性。

（1）不经由网络的V2V（❶）——与其他车辆的通信、V2I（❷）——与道路设施的通信、V2P（❸）——与行人的通信等直连通信方式。

（2）通过网络进行信息交换的各种通信[V2N（❹）]。

C-V2X的技术问题

我们在图6-14中展示了在互联网汽车中采用C-V2X时存在的技术问题。

问题1：直连通信的可靠性。

直连通信方面，使用DSRC[注7]技术的商用服务已经普及，使用V2I通信的ETC[注8]系统就是其中具有代表性的例子。

另一方面，由于C-V2X几乎没有不使用蜂窝进行通信的商用案例，因此在采用时需要考虑与现有服务的兼容性。

问题2：网络通信（V2N）的延迟性能。

在V2N通信中，对于那些驾驶员看不到的交通状况和交通信息要求用低延迟进行发送和接收。通信用的服务器不是云服务器，**而是需要在运营商的每个基站内大范围部署MEC服务器，因此要正式开始全面提供服务还需要很长时间。**

[注7] DSRC（Dedicated Short Range Communications）是专门为与车辆进行通信而设计的5.8GHz频段无线通信系统。

[注8] ETC（Electric Toll Collection System）是在高速公路、收费公路上使用无线通信进行支付的服务。

图6-13　C-V2X的式样

通信方式（技术：现有服务）		通信形态	特点
（1）直连通信（C-V2X：DSRC、ETC）	❶ V2V	V2I　V2V　V2I　V2P　V2P	（Vehicle-to-Vehicle）直接与车辆进行通信
	❷ V2I		（Vehicle-to-Infrastructure）直接与交通灯和路灯等道路附属设施进行通信
	❸ V2P		（Vehicle-to-Pedestrian）直接与行人进行通信
（2）网络通信（C-V2X：无）	❶ V2N	V2N　V2N　V2N	（Vehicle-to-Network）通过网络与行人、车辆、设备进行通信

引自：根据诺基亚解决方案与网络株式会社"走向互联网汽车社会的实现"绘制

图6-14　实现C-V2X存在的技术问题

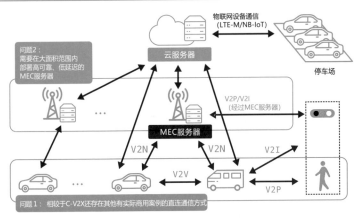

引自：根据诺基亚解决方案与网络株式会社"走向互联网汽车社会的实现"绘制

知识点

- 业界正在研究将5G低延迟服务应用到车联网中，其中包括名为C-V2X的技术。
- 由于使用C-V2X的商用服务在直连通信或网络通信方面都存在问题，因此要正式开始提供商用服务还需要很长时间。

≫ 5G网络的扩展方式

在现有频率中使用5G

要实现5G的高可靠、超低延迟和大规模连接服务，就需要部署5G式样的核心网络和SA方式的基站，扩大服务覆盖区域。

但是由于Sub6和毫米波的频段比4G无线电波覆盖的区域更小，存在难以扩大服务覆盖区域的问题。目前，为了解决这一问题而在考虑范围内的就是名为DSS（Dynamic Spectrum Sharing）的技术。

DSS可以将5G基站导入现有的4G频段中，在共享频率的同时运营服务。4G和5G共享频段的方式包括3种，如图6-15所示。

如果可以采用DSS，就可以大幅度地扩大5G的覆盖区域，这样一来，就可以创造出语音/视频通信的高端化服务和连接海量物联网设备的智慧城市等新型服务（参考7-6节）。

另外，由于4G现有的频段较窄，因此即使导入5G，在高速通信方面，可能也难以达到5G应有的性能。

本地5G的采用

实现5G特色服务的另外一种途径是：采用名为本地5G的4.5GHz频段的200MHz带宽（4.6～4.8GHz）和28GHz频段的900MHz带宽（28.2～29.1GHz）的通信方式（参考8-2节和8-4节）。

本地5G不是电信运营商提供的服务，而是企业和地方政府提供的覆盖局部区域的5G服务，其用途非常广泛。

本地5G的特点是：只要在特定的区域内即可提供服务。因此，采用SA方式的通信非常容易。

至于终端方面的通信，如果不考虑移动性，比起NSA，由于SA是5G的独立通信，简化了实现方式，因此通过更新软件就可以支持从NSA到SA通信方式的升级（图6-16）。

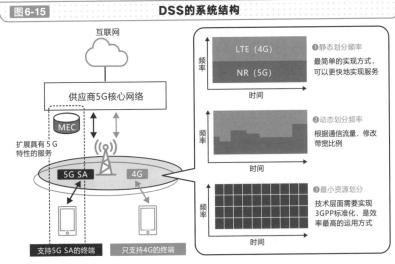

图6-15 DSS的系统结构

引自：欧洲商业协会电气通信设备委员会"DSS(DYNAMIC SPECTRUM SHARING)相关国际标准化动向"

图6-16 使用本地5G扩大5G覆盖区域

运营商	4G频率								5G频率		
									Sub6		毫米波
频率/Hz	700M	800M	900M	1.5G	1.7G	2G	2.5G	3.5G	3.7G	4.5G	28G
NTT DoCoMo	20	30		30	40	40		80	100	100	400
KDDI	20	30		20	40	40	50	40	100		400
软银	20		30	20	30	40	30	80	100		400
乐天					40				100		400
本地5G										200	900

（1）通过DSS扩大5G服务覆盖区域
● 由于带宽较窄，速度上不来
● 可部署带宽较宽的SA

（2）通过本地5G扩大服务覆盖区域
● 由于是覆盖局部地区，因此5G的部署更简单
● 部署具有5G特色的服务更简单

知识点

✐利用5G系统特点的运营商部署5G核心网络和SA基站，可以使用DSS方式扩大服务覆盖区域。

✐本地5G有助于扩大5G的覆盖区域，并且可以通过更新软件的方式实现以SA方式与智能手机进行通信。

» 5G终端的SIM卡运用

面向5G的物联网设备的eSIM运用

终端和物联网设备使用蜂窝网络进行通信时，需要使用被称为Profile的包含电信运营商的合同信息的SIM卡进行网络认证。

SIM卡是无法进行数据更新的，当用户需要升级新功能时，就需要更换新的SIM卡。

通常情况下，用于物联网的设备数量是庞大的，而从一开始就可以将Profile写入到设备中，并支持远程更新的SIM就是**eSIM**（embedded SIM）（图6-17）。

如果使用eSIM，用户可以自行更新Profile，在国外使用手机终端时，不再需要使用运营商之间合作通信的漫游服务（图6-17）。

用户只需将Profile更新为当地电信运营商的认证所需的Profile，就可以减少通信费用，消除使用功能的限制。

用eSIM和双SIM扩展本地5G服务

5G智能手机中也包含搭载了称为**双SIM**形式的双SIM卡的终端。双SIM可以同时使用两张SIM卡，使用不同的服务。

例如，一张SIM卡用于运营商的通话服务，另一张则用于其他运营商提供的更便宜的数据通信服务，这样就兼具了稳定的高质量通话和便宜的数据通信的优点[图6-18（a）]。

技术人员正在研究利用双SIM同时享受不同服务的特性，实现**将本地5G用的eSIM和运营商的SIM作为双SIM使用的案例**[图6-18（b）]。将本地5G作为本地无线系统使用eSIM，区域外的则使用运营商的SIM。这样一来，用户就可以通过更新Profile来使用各种不同的本地服务。

| 图6-17 | eSIM的特点与漫游时的操作 |

	SIM	eSIM
尺寸	12.3×8.8×0.86 (mm)	6×5×0.9（mm）
拆卸	可以	不可以
搭载设备	主要是智能手机/平板电脑	主要是可穿戴/物联网设备（可搭载智能手机）
更新 Profile	由电信运营商预先写入	用户可自行更新

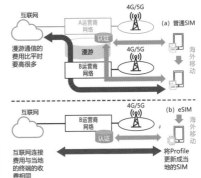

| 图6-18 | 将双 SIM/eSIM 应用于本地5G |

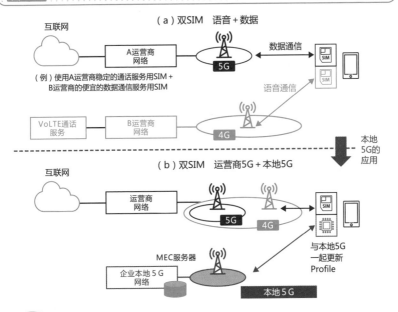

（a）双SIM 语音 + 数据

（例）使用A运营商稳定的通话服务用SIM + B运营商的便宜的数据通信服务用SIM

（b）双SIM 运营商5G + 本地5G

本地5G的应用

与本地5G一起更新Profile

![知识点]

✐ 技术人员们开发了物联网设备等大量连接用的eSIM，它还可以搭载于普通的终端中，特别是在漫游服务中使用起来非常方便。

✐ 业内正在研究将SIM和eSIM结合在一起的应用，以方便用户使用更多类型的5G服务。

开始实践吧

确认智能手机的通信性能

可以通过使用浏览器访问测速站点的方式简单测试智能手机的通信性能。

确认的内容包括上传、下载吞吐量和PING网络延迟性能，通过多个测试站点进行测试就可以得到较为准确的结果。

这时从智能手机的"设置"菜单中选择"流量模式"切换5G和4G模式进行测试，就能计算5G网络的通信速度。

再加上Wi-Fi一起进行以下比较，就可以很容易地理解通信方式和延迟性能之间的关系。

各种无线通信方式的性能对比

	4G	5G	Wi-Fi
DL吞吐量	几百兆比特率	500Mbps以上	依赖于环境
UL吞吐量	几十兆比特率	100Mbps以上	依赖于环境
PING	几十毫秒	10～20ms	几毫秒

从上图中可以看到，5G的速度是4G的几倍～10倍的吞吐量，而5G的PING值并没有显示出很低的网络延迟。

Wi-Fi性能取决于从访问接入点到互联网的线路状况。市场上有很多宽带线路是以100Mbps为上限的，因此存在无法充分发挥无线局域网性能的情况。延迟则有着比5G网络的通信更小的趋势。

从智能手机到服务器的通信路径

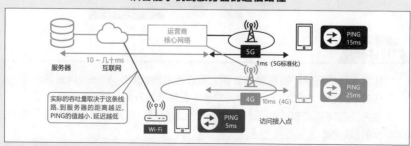

第 7 章

5G将带给我们什么

运用超高速、高可靠性、超低延迟、大规模物联网等技术的新型商用案例

» 5G将创造新的商机

从单纯的通信服务到创造新商机的平台

到目前为止，我们对5G通信设备和手机的原理等相关的基础知识与动向进行了讲解。在本章中，我们将通过具体的事例对5G这一已经超越了单纯的通信服务，成为新服务的基础设施而备受关注的原因进行说明。

建立互补的企业共同利益模式的B2B2X

到4G为止，手机运营商基本上都是将手机作为人与人之间交流互通的平台来对通信服务进行扩展的，而5G则旨在发展成为物联网时代将人与万物连接在一起的新型ICT（Information Communication Technology，信息通信技术）平台。

手机运营商不仅要发展通信服务，还需要通过**B2B2X**（Business-to-Business-to-X）模型（图7-1）与各种互利互补的企业进行合作，**成为不同领域的创业基础设施平台**。

在娱乐、产业应用、移动、医疗、区域振兴和智能家居6个领域中，有望利用5G的超高速（eMBB）、高可靠性和超低延迟（URLLC）、大规模物联网（mMTC）等特性开创出新的业务模式（图7-2）。

在后面的小节中，我们将对这6个领域的应用案例进行讲解。

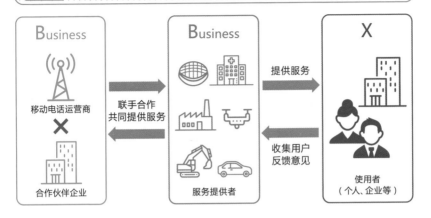

图7-1 通过不同行业之间进行协作创造新商业的B2B2X模型

引自：根据总务省"2020年全面迈向5G"绘制

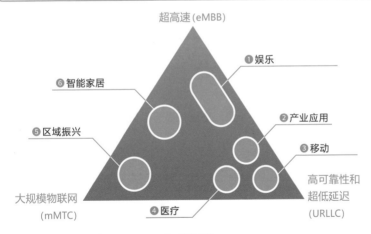

图7-2 有望利用5G特性创造新商业的领域

引自：根据"ITU-R IMT远景建议(M.2083)(2015年9月)"绘制

知识点

- 在连接人与万物的物联网时代，移动电话运营商的业务正在从通信服务领域扩展到更多的领域。
- 现在不是由一个企业发展所有业务的时代，而是与不同企业进行合作创造新型业务模式的时代。

» 5G娱乐应用将丰富我们的日常生活

3秒下载时长为2小时的电影

5G的最大通信速度为20Gbps，而4G和一般家用光纤线路的最大通信速度为1Gbps，也就是说，5G拥有快4G近20倍的通信速度。

例如，在4G和光纤线路中，下载时长为2小时的电影大约需要几十秒的时间，而使用5G网络则只需3秒就可以下载完成（参考1-3节）。

利用这一特性，在娱乐领域中，观看足球、棒球、橄榄球、篮球等体育赛事时，就可以实现以超高清图像的视角观看自由视角视频。此外，使用超高清的VR还可以**体验**仿佛置身于球场内的**实时且真实的感觉**。

自由视角视频带来的实时体验

自由视角视频是使用多台摄像机从不同方向拍摄高清视频，构建3D空间数据，并在3D空间中自由地移动虚拟摄像机，从任意位置和角度生成自由视角视频。

为了实现实时自由视角视频，需要将高可靠性、超低延迟的超高清的视频发送到生成自由视角视频的服务器。虽然也可以使用有线电缆连接摄像机构建网络，但是即使是篮球场，长度也有28米，宽度也有15米，而足球场则是长110米、宽75米，需要拍摄的区域都非常大（图7-3），构建起来就比较麻烦。

如果可以使用5G连接多台摄像机并构建网络，那么就可以比较简单地构建自由视角视频系统。此外，结合我们在4-8节中介绍的边缘计算，就可以在家中实时体验临场感，如图7-4所示。

图7-3 　　　　　　　　　　　　　　　**自由视角视频的概要**

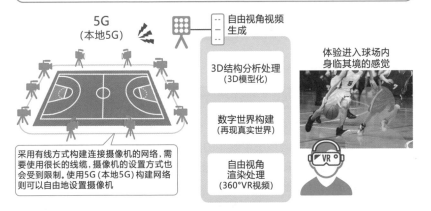

5G
(本地5G)

自由视角视频
生成

3D结构分析处理
(3D模型化)

数字世界构建
(再现真实世界)

自由视角
渲染处理
(360°VR视频)

采用有线方式构建连接摄像机的网络,需要使用很长的线缆,摄像机的设置方式也会受到限制。使用5G(本地5G)构建网络则可以自由地设置摄像机

体验进入球场内
身临其境的感觉

VR

图7-4 　　　　　　　　　　　　**通过边缘计算实现实时体验**

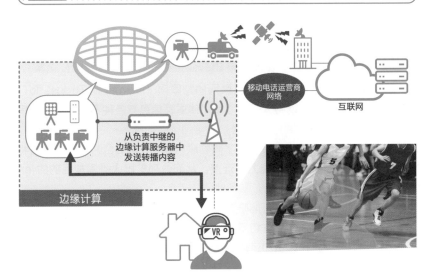

移动电话运营商
网络

互联网

从负责中继的
边缘计算服务器中
发送转播内容

边缘计算

VR

知识点

✍ 在娱乐领域中,利用5G超高速的特点,可以实现高清视频内容的实时体验。

✍ 通过边缘计算对直播节目进行中继,可以充分发挥5G的超高速性能。

» 5G的工业应用迎来工业4.0

工业革命的驱动力

相信很多人都知道德国的孔翰宁院士所倡导的工业4.0。工业4.0是指使用人工智能对从物联网系统中收集的数据进行分析,不是依靠经验和直觉,而是通过量化分析来控制机器和设备,或者通过机器和设备自动操作来实现产业革命的机制(图7-5)。

5G有望通过高可靠性、超低延迟和大规模物联网等特性,作为连接与控制各种机器和设备的复杂的生产管理系统的网络基础设施,发挥出积极且重要的作用。

物联网、IoH以及IoA

除了能将一切东西都连接到互联网的物联网(Internet of Things, IoT)之外,还存在通过互联网将人们的心率和体重等信息与各种不同服务相连接的IoH(Internet of Human, 人联网)。

东京大学的暦本纯一教授提出了将物联网和IoH相结合,并通过网络将物与人所拥有的各种各样的能力相连接,从而达到扩展人类潜能目的的IoA(Internet of Ability)(图7-6)。

说到扩展人类的潜能,可能听起来像在讲科幻电影,而实际上在建筑工地和工厂等存在危险性的工作场所中,已经开始使用由人类远程控制的机器人进行作业,机场工作人员和运输公司在搬运重物时,为了减轻身体的负担也已经应用了机械外骨骼。

保持很小的通信时滞,对于远程控制工程机械和机器人是至关重要的。之前的4G和Wi-Fi都难以实现的无线远程操作,通过采用5G技术就可以将其变为现实。

像那些人类无法进入的危险的场所、工厂以及建筑工地,如果可以使用远程操控工程机械和机器人,想必一定会带来一场**巨大的产业革命**。

图7-5　　以往的工业革命与工业4.0

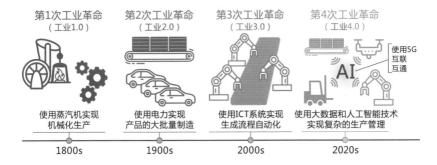

第1次工业革命 （工业1.0）	第2次工业革命 （工业2.0）	第3次工业革命 （工业3.0）	第4次工业革命 （工业4.0）
使用蒸汽机实现 机械化生产	使用电力实现 产品的大批量制造	使用ICT系统实现 生成流程自动化	使用大数据和人工智能技术 实现复杂的生产管理
1800s	1900s	2000s	2020s

图7-6　　扩展人类潜能的 IoA

知识点

✐ 通过使用人工智能分析机器和设备的信息，可以实现生产线上的复杂的系统自动化生产管理。

✐ 另外，将物的信息（IoT）与人的信息（IoH）充分融合，扩展人类潜能的 IoA 可以实现远程实施具有危险性的作业。

» 5G实现的安心、安全、舒适的移动通信

CASE和MaaS将改变整个汽车产业

汽车产业正如2016年德国戴姆勒公司提倡的CASE［Connected（连接）、Autonomous（自动驾驶）、Shared/Sharing（共享）、Electric（电动化）］那样，朝着电动化、信息化、智能化以及共享汽车、共享乘车的方向发展。

随着汽车向CASE方向的发展，将创造出基于汽车移动相关的各种新型服务。这类服务被称为 **MaaS**（Mobility as a Service），今后汽车产业的重心将从制造、销售、维护转移到MaaS中（图7-7）。

卡车自动驾驶对物流业劳动环境的改善

以物流为例，日本的物流业面临着劳动力短缺和司机老龄化等亟待解决的问题。而卡车自动驾驶可以解决这些问题。为了实现这一目标，5G的超高速、高可靠性、超低延迟的特性将是不可或缺的。

无人驾驶卡车自动跟随有人驾驶卡车行驶的**卡车编队**，作为解决上述问题的手段之一也备受关注。自2017年12月以来，日本软银公司一直在推进使用5G技术进行编队行驶的试验。在编队行驶的车辆之间进行通信的V2V（参考6-7节）通信和运营管理中心之间通信的V2N（参考6-7节）通信中，可以充分发挥5G的特性，能够根据车辆之间的距离情况，以cm为单位进行最佳跟车距离控制，目标是实现安全可行的自动编队驾驶技术（图7-8）。

此外，通过自动编队行驶，可以降低排在领队车辆之后的车辆的风压，因此减少燃油消耗的效果也是值得期待的。试验表明当车距为4m时，可以降低15％的燃油费用；而当车距缩短为2m时，则可以降低25％的燃油费用。

相信距离我们在高速公路上看到卡车编队自动行驶的那一天已经不远了。

图7-7 汽车进化带来汽车行业模式的改变（MaaS）

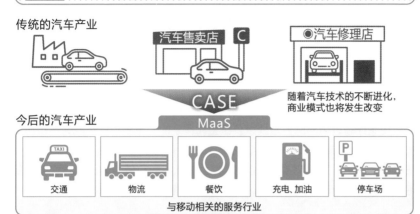

传统的汽车产业

汽车售卖店

汽车修理店

CASE
MaaS

随着汽车技术的不断进化，
商业模式也将发生改变

今后的汽车产业

| 交通 | 物流 | 餐饮 | 充电、加油 | 停车场 |

与移动相关的服务行业

图7-8 卡车编队

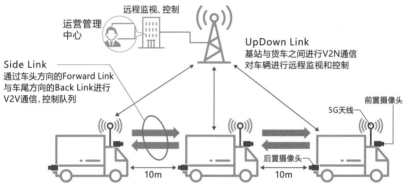

运营管理中心

远程监视、控制

UpDown Link
基站与货车之间进行V2N通信
对车辆进行远程监视和控制

Side Link
通过车头方向的Forward Link
与车尾方向的Back Link进行
V2V通信，控制队列

前置摄像头

5G天线

后置摄像头

10m   10m

种类	数据的内容	用途
车辆控制信息	位置信息、加减速信息、制动信息、调头信息	后方车辆的制动控制以及紧急情况下的紧急停车
车辆周围环境视频	前置/后置摄像头的实时图像	将视频发送给配有驾驶员的领队车辆并监控后面车辆的周围环境

知识点

- 汽车产业正在将业务重心从汽车的制造、销售、维护转移到 MaaS 中。
- 覆盖无线电波通信盲区的 V2V 通信，对于车辆自动编队行驶来说非常重要。

» 5G医疗创造健康社会

远程提供先进医疗服务

在医疗领域中，医生短缺以及医生和医院的分布不均已经成为不可忽视的问题，人口稀缺的偏远地区和大城市之间的医疗环境差距正在不断扩大。在这种情况下，可以将5G通信技术作为消除不同地域之间医疗环境差距的措施，远程进行医疗和护理的远程医疗应用的发展是很令人期待的。

远程医疗的两种类型

远程医疗可以分为**以下两种类型**（图7-9）。

- DtoD（Doctor to Doctor）。

  在医疗专业人员之间（主要是主治医师向专科医生咨询）进行的，由主治医师将CT和MRI等信息发送给专科医生，根据其专业知识和经验，进行复杂且专业的诊断委托和治疗方案的咨询等。

- DtoP（Doctor to Patients）。

  主治医师为远距离患者提供的医疗服务。例如，因新型冠状病毒感染而迅速普及的在线诊断等。

由于5G可以以超高的速度发送高分辨率的图像，因此可以利用其高可靠性、超低延迟、时滞小等特性，由主治医师远程分析患者的身心状态，为患者提供医疗服务。

此外，即使是在人口稀少的偏远地区，也可以将医疗图像发送给在特定专业领域实力雄厚的医院，使用5G技术将患者与专科医生连接在一起。如此一来，无论患者在什么地方，无论距离远近，都可以接受远程医疗服务，因此这是非常让人期待的应用。

如果可以将DtoD和DtoP两者相结合变成DtoDtoP，即使是在运送患者的过程中，也能在医生的远程指导下接受治疗，挽救更多的生命（图7-10）。

图7-9 **DtoD与DtoP**

DtoD

出诊时，与专科医生共享病历和高分辨率图像，向其咨询治疗方案

综合病院
专科医生
主治医师

DtoP

在距离很远的地方通过实时通信对患者实施诊断，根据高分辨率图像分析患者的身心状态

主治医师
偏远地区

图7-10 **DtoDtoP与急救医疗**

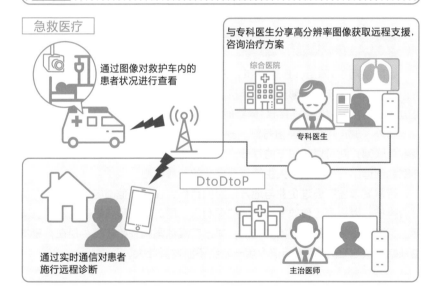

急救医疗

通过图像对救护车内的患者状况进行查看

与专科医生分享高分辨率图像获取远程支援，咨询治疗方案

综合医院
专科医生

DtoDtoP

通过实时通信对患者施行远程诊断

主治医师

知识点

∅可以创造出将没有门诊的专科医生聚集在一起提供远程医疗专业服务的新型医疗服务。

» 5G区域振兴开辟新型社会

区域振兴的旗手

Society 5.0是日本内阁府制定的科学技术政策之一（图7-11）。Society 5.0需要实现的是通过物联网将所有人和物相连接，共享各种各样的知识和信息，并通过创造前所未有的价值来克服各种问题和困难，创建一个无论老少，都相互尊重，以人为本的舒适而有活力的社会（图7-12）。

而5G作为支撑Society 5.0的通信基础设施受到了人们的广泛关注。特别是**作为解决**地方性的医疗、农业、教育和自然灾害等**问题的关键技术，使用5G对促进区域振兴具有极为重要的意义**。

Society 5.0展望智慧城市

如果使用5G网络，理论上每平方千米可以连接多达100万台设备。目前，很多人都在使用一部或多部手机，在今后，当手表、眼镜、耳机等我们身边的一切物品都可以连接5G网络时，我们就能够创建出属于自己的网络。

此外，城市中的交通信号灯、安全摄像头、数字标牌等设备通过5G连接到互联网，就可以将城市的基础设施信息与我们自己的网络连接起来，这样就能创造出一个可以让人生活得更舒适的智慧城市。

智慧城市旨在通过企业与地方政府的合作，在全市范围内应用和推广最前沿科技，以提高工作效率和生活的便利性，同时发挥预防犯罪的作用。实际上，这一措施在日本开始实施前，早已在其他国家开始普及。现在，日本也开始提供5G服务了，相信今后一定会不断发展壮大。

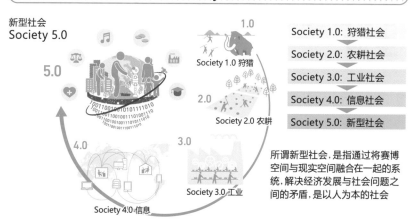

图7-11 Society 5.0

新型社会
Society 5.0

Society 1.0 狩猎

Society 2.0 农耕

Society 3.0 工业

Society 4.0 信息

Society 1.0: 狩猎社会

Society 2.0: 农耕社会

Society 3.0: 工业社会

Society 4.0: 信息社会

Society 5.0: 新型社会

所谓新型社会,是指通过将赛博空间与现实空间融合在一起的系统,解决经济发展与社会问题之间的矛盾,是以人为本的社会

引自:摘录内阁府"Society 5.0"

图7-12 通过Society 5.0实现的社会

目前为止的社会
知识、信息的共享和联系不够充分

通过物联网将所有的人和物连接在一起,创建可诞生全新价值的社会

目前为止的社会
地方性问题、高龄者的需求等支持不充分

通过科技创新实现,可以解决各类需求的新型社会

Society 5.0

通过人工智能技术实现在需要时提供需要的信息的社会

通过机器人和自动驾驶车辆等技术,实现能够扩展人类潜能的社会

目前为止的社会
所需信息的检索和分析较困难,需要具备读写能力(运用能力)

目前为止的社会
由于年龄和残疾等问题,劳动和行动的范围受到制约

引自:摘录内阁府"Society 5.0"

知识点

✎运用5G的特性,在医疗、农业、教育和自然灾害等领域创造出许多的服务,对活跃地方经济和提高居民生活水平起着至关重要的作用。

》5G智能家居带来的舒适环保生活

用5G构建智能电网

智慧城市中需要考虑的一个关键问题是，如何**高效地使用电力**。由于人类目前无法大量地储存电力，因此只能由电力公司预测电力需求，并保持最佳的发电量。

专门用于提高用电效率的技术是智能电网（下一代电网），使用智能电网技术构建的电网会采集和处理家庭、企业等作为消耗电力的一方的信息。

至于为什么说5G对于智能电网而言非常重要，是因为要把握每个家庭和企业的用电量，就需要从海量的电表（智能电表）中收集用电信息。

如果使用传统网络，一次性可以连接的设备数量是有限的。但是，如果利用5G大规模物联网或海量机器类通信的特性，就可以将大量的智能电表连接到网络中，统一把握整个电网的电力消耗情况（图7-13）。

智能家居的普及

要提高建筑物内的用电效率，就需要使用传感设备监控室内环境，一般家庭中使用的电视、空调、冰箱等电器产品也可以成为传感设备。

从家庭使用的电器中可以获取室温、湿度、光照强度等室内环境信息，还可以获取电视和其他电子设备的使用时间等信息。根据这些信息准确地对电器进行控制并节省电力的系统被称为HEMS（Home Energy Management System）。此外，使用HEMS优化电力的家庭装置则被称为智能家居（图7-14）。

综上所述，如果每个家庭都可以使用HEMS控制电力，那么整个城市就可以通过智能电网等公共基础设施控制电力供应，以**提高能源使用效率**。

図 **7-13** 使用5G连接的智能电网

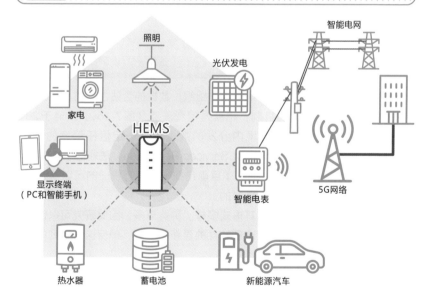

发电厂

供电公司

控制中心

利用智能电网
实现电力供给的控制

在通信基础设施中采用5G技术构建网络,通过
连接智能电表控制用电成本(不再需要使用有
线方式连接家庭、企业、工厂)

図 **7-14** 智能家居的原理

智能电网

照明

光伏发电

家电

HEMS

显示终端
(PC和智能手机)

智能电表

5G网络

热水器

蓄电池

新能源汽车

知识点

✍ 通过 HEMS 系统监控室内环境,那些能够提高能效的智能家居就可以通
过5G网络与智能电网连接,从而提高整个城市的用电效率。

» 5G开辟的物联网时代的安全

安全措施的重要性

我们对利用5G特性创造的6个领域的示例进行了介绍，在各种设备与互联网相连的物联网技术加速发展的同时，随之而来的必然是对**个人信息和隐私问题**的担忧。

虽然5G在无线网络层面采取了增加安全性的措施，无线拦截和篡改数据的难度较大，但是如果连接5G的终端，如家电和传感设备以及用于中继5G网络的边缘计算机等设备感染了病毒，那就得不偿失了。

因此，在物联网设备和互联网的边界上设置网关来检测非法访问就变得极为重要。

利用信任服务防止欺诈

在互联网上有一种可以确认个人、组织、数据的合法性，防止篡改和伪造发件人进行欺诈活动的机制，也就是信任服务（图7-15）。欧盟于2014年制定的，为了确保在欧盟境内分发的数据具有一定信任程度的eIDAS（Electronic Identification and Trust Services Regulation）法规已于2016年7月正式开始实施（图7-16）。而日本目前是在一个没有统一的可以确认数据可信度的状态下开展各种数字服务的。

特别是物联网设备，由于其形式多样、种类繁多，因此研究可以保证事物合法性的机制，从设备的制造到软件的更新和淘汰，确保这一系列的生命周期的安全是非常重要的任务。

随着5G的普及，当家电和物联网设备等融入我们日常生活的方方面面时，**对家电和物联网设备采取相应的安全措施将变得非常重要**。

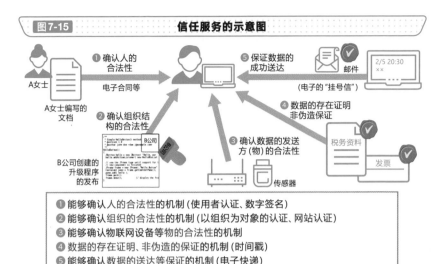

图7-15　信任服务的示意图

① 确认人的合法性
电子合同等

A女士
A女士编写的文档

② 确认组织结构的合法性

B公司创建的升级程序的发布

③ 确认数据的发送方(物)的合法性

传感器

⑤ 保证数据的成功送达
邮件
(电子的"挂号信")

④ 数据的存在证明非伪造保证

税务资料
发票

❶ 能够确认人的合法性的机制(使用者认证、数字签名)
❷ 能够确认组织的合法性的机制(以组织为对象的认证、网站认证)
❸ 能够确认物联网设备等物的合法性的机制
❹ 数据的存在证明、非伪造的保证的机制(时间戳)
❺ 能够确认数据的送达等保证的机制(电子快递)

引自：总务省"2019年版信息通信白皮书"摘录

图7-16　eIDAS 中信任服务的概要

银行交易　电子签名　电子采购
电子快递
时间戳
知识产权　　　　　电子纳税
网站认证
电子签章
医疗信息

信任服务	内容
电子签名	是一种以表示电子文档的创建者为目的而执行的加密等措施，是一种可以确认自签名后该文档没有被修改的机制
时间戳	一种证明电子数据在某一时刻存在，并且证明从该时刻起数据未被篡改的机制
电子签章	为了表明电子文档的制作机构而执行的加密等措施，是一种能够确认经过电子签章后该文档未被篡改的机制。电子文档的发送不是个人而是组织
网站认证	一种可以确认网站是否由合法的企业等设立的机制
电子快递	保证发送、接收的合法性和收发数据完整性的机制

引自：根据总务省"平台服务相关研究会（第 15 次）2019.11"编写

✏ 在物联网时代，不仅需要针对个人计算机和手机采取必要的安全防范措施，对于我们身边的家用电器也同样需要采取网络安全措施。

开始实践吧

思考运用5G技术的新型服务和商业应用

在第7章中，我们使用5G的超高速（eMBB）、高可靠性和超低延迟（URLLC）、大规模物联网（mMTC）等特性对企业和政府部门采用的新型服务与商业案例进行了介绍。

接下来，我们将尝试列举实际案例。假设现有一个涉及多家不同企业的大型项目，我们可以在下表中思考是否可以使用5G智能手机和大家身边的物联网设备来将其实现。

请在表格中的超高速、高可靠性和超低延迟、大规模物联网中用○进行标记，之后请尝试填写使用4G通信和Wi-Fi无法实现的，但是利用5G的特性可以在5G中实现的服务和商业应用的构想。

服务和商业应用构想表

超高速	高可靠性和超低延迟	大规模物联网	服务和商业应用的构想
○	○	-	使用VR和无人机的模拟飞行体验

下面列举的是笔者所能设想到的服务。

- 超高速、高可靠性和超低延迟的特点可以实现使用VR和无人机的模拟飞行体验。
- 利用高可靠性和超低延迟、大规模物联网可以实现观众在大型活动现场与表演者一起跳舞的观众参与型活动。

从超高速可以联想到高清大容量的动态图像，从高可靠性和超低延迟可以联想到远程，而从大规模物联网则可以联想到活动场地等关键词。请大家从这些关键词出发，发挥想象力，讨论各种有趣的构想。

第8章

本地5G与5G的未来发展

扩大保护范围的5G

» 我们的5G、大家的5G

大家使用的公共基础设施

图8-1所示为将一个完善的公共交通基础设施的公交路线比喻成5G社会的示意图。手机是以"无论何时、无论何地、无论和谁（和任何事物）"为口号，目的是在一个国家范围内推广任何人都可以使用的复杂通信服务，并由移动通信公司来进行完善和运营的通信网络。

手机应用于社会生活的方方面面，其应用领域多种多样。因此，移动通信企业会针对一定规模的应用领域设置详细的通信服务套餐（如公交路线和公交站）。

使用者只需根据使用目的选择适合自己的套餐（公交路线和公交站）并使用5G（公交车）即可。5G由专业的移动通信企业提供，而公交则是由专业的司机驾驶，这样我们就可以安全稳步地实现目标。

自己使用的5G

使用5G可以根据用途灵活地设置功能组合。如果将其比喻成汽车，它的发动机和基本的驾驶操作是通用的，只是根据汽车的不同用途（如用于小转弯等）可以将汽车小型化来使用。

要利用5G的特性解决地方性问题或者结合企业、团体组织的实际情况来运用，就需要地方（地方公共组织）、企业和团体组织建立设置与应用5G中的本地5G制度并将其完善。

本地5G就好比出租车、私家车和公司用车。虽然需要汽车和司机，但是可以自由地直接前往目的地。像出租车一样，只要满足一定的要求，还可以收取费用为第三方提供通信服务（图8-2）。

无论是哪一种情况，都设置了部署5G作为无线系统的要求，并明确规定了运营方面的责任。预计本地5G**将会在与全国规模的移动电话系统形成互补或共生共存的同时，作为"无微不至的我们的5G"来发展和利用。**

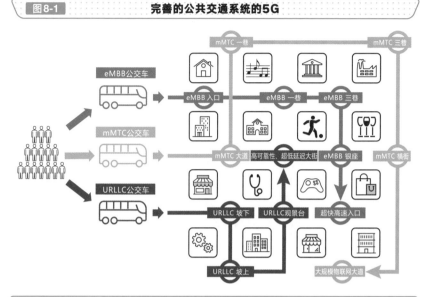

图 8-1　完善的公共交通系统的 5G

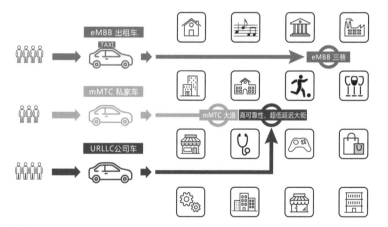

图 8-2　自家用、公司用、专属的 5G

知识点

✎ 本地 5G 是自己设置和使用的"咱们的街道、咱们的组织"的 5G。

✎ 本地 5G 可用于解决地方性问题，也可以安装和应用到企业业务中。

✎ 预计本地 5G 将在与全国规模的手机系统形成互补或共生共存的同时得到
开发和利用。

» 本地5G开始普及

本地5G的使用案例

本地5G中使用的通信技术与全国性的移动通信运营商开发的**5G基本上相同**。安装和运用的主体是地方公共组织、企业和团体等，引入本地5G的动机和形态包括**地方性问题的解决、生产效率的提高和业务革新**等多个方面，其中一部分使用案例与第7章中讲解的内容相同。

在日本，取得并运用本地5G专用的无线频段许可证制度已于2020年开始实施。如图8-3所示，这是一个代表本地5G使用了最新的信息通信技术，并作为解决地方问题的方法而征集开发实证（2020年实施）时的使用案例。包括建筑机械远程控制、智能工厂、自动农场管理以及河流汛情监测等应用。

通过这类开发实证有望积累将来可以有效利用5G技术的成果，并储备正确地部署和运用本地5G系统的经验与技术。

本地5G的开启

使用本地5G**需要取得无线频段许可证才能够进行部署和运用**。在日本，用于审查无线频段许可的法律法规和相关制度已于2019年12月得到了完善，并且开始了无线频段许可证申请的受理工作，2020年3月下旬开始发放无线频段许可证，本地5G无线电台已经开始运营（图8-4）。

在开始使用时，需要使用名为28GHz频段[注1]的毫米波的无线电波。公共通信用的5G正如我们在4-7节中讲解的，是从4G与5G的"双层别墅"的基站架构（NSA）开始使用的，因此为了使用通用设备来经济有效地展开本地5G，同样的架构也可用于本地5G中。

这种情况下4G基站使用的是2.5GHz频段的无线电波。由于是28GHz频段的1/10以下的频段，因此可以覆盖更广阔的区域并稳定传输本地5G所需的控制平面信号。

[注1] 28GHz是每秒振动280亿次的频率的无线电波。

图8-3   **开发实证实现解决地方性问题的本地5G**

关于本地5G等技术，将5G的超高速、高可靠性和超低延迟、大规模物联网等优点与城市地区、农村地区、室内等不同实验环境以及多个频率组合，在各种各样的应用场景中开展针对区域性需求的开发实证工作。

通过具体的使用场景进行开发实证

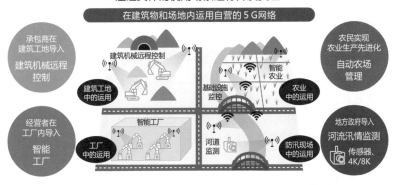

引自：总务省征集关于"2020年'地方性问题解决型本地 5G 等面向实现的开发实证'的提案"

图8-4   **本地5G系统的天线和基站**

引自："日本首个商用本地 5G 开始运行"（富士通报道发表、2020 年 3 月 27 日）

知识点

  ✎ 本地 5G 的通信技术与全国性的移动通信运营商推广的 5G 系统是通用的。

  ✎ 解决地方性问题的本地 5G 的开发实证工作正在推进中。

  ✎ 部署本地 5G 前需要申请无线频段许可证，网络架构从 NSA 开始。

» 如何普及本地5G

本地5G网络架构与无线频段许可证

正如8-2节中讲解的，本地5G是从4G与5G的"双层别墅"的基站架构（NSA）开始使用的（图8-5）。这是一条利用与公共通信5G共通的设备经济高效地运用5G网络的捷径。

采用NSA架构的场合，需要申请5G基站用和4G基站用的无线频段许可证。此外，手机也需要支持NSA架构。

设置条件与电波干扰调整

本地5G的基站通常都是用于自有土地开发，在自己所有（或租用）的建筑物内或场地内部署和运用。但是，由于无线电波会穿过建筑物的墙壁或者穿越场地的边界进行传播，如果附近有使用相同频率的其他系统，就会造成干扰。

此外，由于NSA架构的2.5GHz频段是使用宽带移动无线接入系统（以下简称宽带接入）的，因此在开设无线频段前，为了避免造成干扰，需要确认附近的28GHz频段所使用的系统，与相关人员进行确认并对电波干扰进行调整。具体的电波干扰状态与无线频段的设置状态、无线频段之间的距离、中途建筑物有关，因此在实际进行干扰调整时，需要事先预估每个无线频段的电波覆盖的范围，当干扰量较大时，还需要调整发送和接收天线的方向性（电波的发射方向和角度），或者采取降低发射功率等对策（图8-6）。

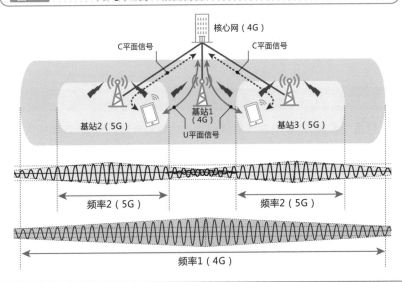

图 8-5　4G 与 5G 的"双层别墅"基站架构（NSA）

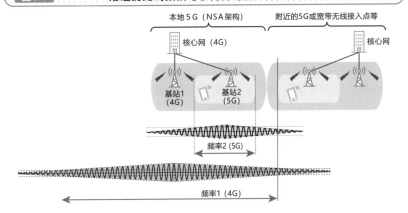

图 8-6　附近的无线频段与事先的电波干扰调整

知识点

/ 使用 NSA 架构需要获取两种无线频段的许可证。

/ 本地 5G 通常都是在自己的建筑物内或场地内使用。

/ 开设无线基站时，需要事先调整电波干扰，使无线频段不受附近的无线电波干扰。

» 本地5G的普及与协创

本地5G的普及

利用与公共通信5G共通的设备的本地5G，已经开始高效地投入使用了。预计公共通信5G今后会从NSA（4G与5G的"双层别墅"基站）架构逐步转移到独立组网（5G独立组网基站）的架构（图8-7）。

本地5G使用的无线电波频段是从毫米波频段开始的，截至2020年9月，技术人员们正在研究将毫米波的无线电波频段进一步扩展，或者将其作为新的频段分配到4.7GHz频段[注2]。由于低频段的无线电波具有发射距离远的优势，因此如果使用新频段，就可以在体育场馆等大型场地高效地设置和运用5G网络。

解决地方性问题、社会问题，创造繁荣社会

图8-8所示是将基于8-1节中讲解的公共通信5G移动通信网（公共交通网）和本地5G（公司车、私家车）的两个5G社会的示意图结合在一起的图。但是，其中除了展示了两个5G网络的融合互补的形象之外，还展示了5G社会外围的样貌。

本地5G和公共通信5G，今后都将通过各种不同的实证和市场应用积累、应用经验和成果，并为解决地方性问题和社会问题发挥重要的作用。

想必在今后，5G除了可以用于解决现有问题之外，还可以在千变万化的社会局势中，为支持繁荣和富有成效的社会活动做出重要贡献。将布满一个国家的通信网和能够经济有效地提供高质量通信服务的公共通信5G，以及根据地方情况和应用领域部署的本地5G，像信息的动脉和毛细血管那样组合起来，**从而实现高效、灵活的运用是非常重要的。**

[注2] 4.7GHz是每秒振动47亿次的频率的无线电波。

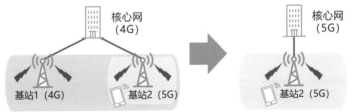

图8-7 从4G与5G的"双层别墅"（NSA）到5G独立组网（SA）的基站架构

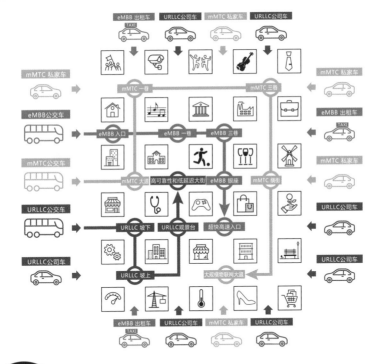

图8-8 基于公共交通网与私家车的社会协创

知识点

💡 本地5G也将从NSA架构逐步迁移到SA架构。

💡 本地5G还可以使用新的无线电波频段。

💡 将公共通信5G与本地5G相结合，进行社会整体的灵活运用是非常重要的。

» 5G展望

持续发展的5G

在本节中，我们将对持续发展的包括公共通信5G和本地5G在内的5G技术的未来发展进行讲解。

5G作为社会的通信基础设施需要24小时、365天不间断地使用，因此**不间断地提供服务，并且连续、阶段性地推进**技术的发展和通信系统的复杂化是非常重要的。

例如，从我们在8-4节中讲解的NSA架构（4G与5G的"双层别墅"基站架构）迁移到SA（5G独立组网的基站架构），为了顺利地进行阶段性的迁移，需要在中间阶段准备4G和5G的基站与核心网并存的网络架构（图8-9）。

通过这种方式，运用之前的设施并连续、阶段性地采用新技术，设法提高系统复杂化程度的机制被称为**迁移场景**，这一机制在充实社会基础设施（社会资本）时是非常受重视的。

进一步复杂化

制定5G的国际标准规范的团体正在研究5G的下一阶段的复杂化。其中具有代表性的案例就是**充分利用新的无线频段**。

图8-10所示是将图3-3中的频段向更高频段进一步扩展的示意图。正在研究的是使用蓝色填充部分的52.6~71GHz的频段，使用更宽（粗）的频率带宽实现高速传输的可能性。将来还会考虑进一步提升到114GHz频段的使用方式，此外对技术上的可行性也在研究中。

除了扩展新的频段之外，还在研究推进适用于高速传输的编码处理和加强不同无线通信系统之间的协作等各种复杂技术。预计未来5G也会在引进这些技术的过程中不断进化。

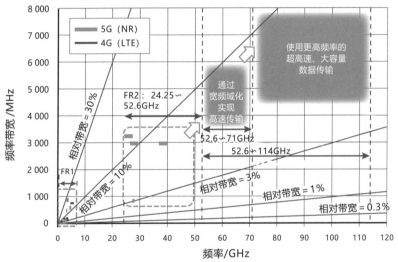

图8-9 **NSA到SA的阶段性迁移**

核心网（4G）　　核心网（4G）　核心网（5G）　　核心网（5G）

基站1（4G）　基站2（5G）　　基站1（4G）　基站2（5G）　　　基站2（5G）

4G与5G的"双层别墅"
基站架构（NSA）　　　　　5G与4G并存架构　　　　　5G独立组网
基站架构（SA）

图8-10 **国际标准规范（手机）的频段（线性刻度）**

5G（NR）
4G（LTE）

使用更高频率的
超高速、大容量
数据传输

FR2：24.25～
52.6GHz

通过
宽频域化
实现
高速传输

相对带宽＝30%

52.6～71GHz

52.6～114GHz

相对带宽＝10%

相对带宽＝3%

相对带宽＝1%

相对带宽＝0.3%

FR1

纵轴：频率带宽/MHz（0、1 000、2 000、3 000、4 000、5 000、6 000、7 000、8 000）

横轴：频率/GHz（0、10、20、30、40、50、60、70、80、90、100、110、120）

引自：3GPP TS36.101，"用户装置的无线收发特性规定（LTE）"（V.15.4.）2018-10
　　　3GPP TS38.101-1，"用户装置的无线收发特性规定（5G新无线方式一、频域1/独立运用型）"（V.15.3.0）
　　　2018-10
　　　3GPP TS38.101-2，"用户装置的无线收发特性规定（5G新无线方式二、频域2/独立运用型"（V.15.3.0）
　　　2018-10

知识点

✎针对5G的发展和复杂化的讨论与研究正在持续进行中。

✎5G的复杂化需要在保持连续不间断地提供通信服务的同时阶段性地推进。

✎面向5G的下一阶段的复杂化，更高的频段的使用也被纳入考虑范围。

第
8
章

本地5G与5G的未来发展

171

» 5G之后

下一个是6G

　　5G才刚刚起步就琢磨着6G，大家可能会想这是不是太着急了。实际上，大规模的技术开发是需要好几年时间的，因此着眼于未来的"5G的下一代（Beyond 5G）"的研究早已经开始了。

　　不过，既然是还在进行中的研究，我们在这里就不再预测"第6代（6G）应该是什么样子"，而是来看看我们的前辈们是如何探寻"下一代系统"应有的样子的，进而对"下一代系统"进行思考。

展望蓝图

　　如图8-11所示，这是一张大约20年前，在实际应用3G后推进4G的研究过程中所描绘的"Beyond 3G（IMT-2000）"假想图。现在回过头来看，其中还包括基于短距离通信的中继传输的普及等没有实现的目标。不过也实现了一些意想不到的、与预期有所不同的目标，如智能手机的普及等。其中还包括从语音通话为中心的电话服务迁移到数据通信等对系统整体的构思。

　　图8-12所示是刚开始研究5G时所绘制的图，可以看到提出的目标是解决社会问题和为丰富我们的生活做出贡献。而5G也正如图8-12中绘制的那样，有望应用到这些场景中并发挥出积极作用。

　　虽然验证和反思是否实现了图中描绘的功能很重要，但是从技术开发的角度来看，**为了创造这样的世界而采取的一系列行动和为此进行实施的经验积累**更为重要。

　　因为，我们现在所拥有的美好的现代化生活正是在不断积累的过程中实现的，虽然也可能会发生一些意料之外的事情，但是这也是通过凝聚全人类的智慧的方式，从而经过不懈努力后取得的成果。

图8-11 面向4G的展望蓝图

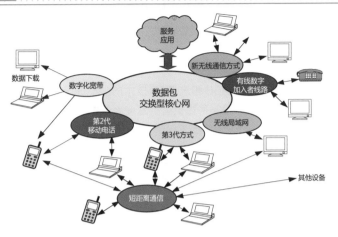

引自：ITU-R Rec.M.1645 "IMT-2000 审议框架与整体目标"(06/2003)

图8-12 5G的目标

信息通信技术（ICT）值得期待的作用

产业、生产、医疗、社会基础设施

一般社会生活

安全、安心（防灾、减灾）、福利、健康增进、节能、环境保护

引自："移动通信系统的进化与今后发展"（富士通）"关于利用新电波的将来研讨会（2015年2月、总务省）"

知识点

- ✎ 针对"5G的下一代"的研究已经开始。
- ✎ 首先尝试绘制一张憧憬未来世界的假想图，然后再进行各种技术性的探讨和研究，并想方设法地实现它是非常重要的。

开 始 实 践 吧

思考自己使用的5G

在本章中，我们对本地5G和未来5G技术的展望进行了讲解。下图中展示的是从服务的提供形态和服务提供者（驾驶者）的技能、使用者的能力等视角，对图8-8中介绍的作为移动手段的公交车和私家车的使用进行了说明。

服务的提供形态（公交车与私家车的示例）

使用5G后，我们的日常生活将逐渐变得更加便利和舒适，并且可以轻松地获取各种信息。当然，通信服务的提供者必须安全、稳定地提供服务，同时，服务的使用者谨慎地使用和承担包括处理信息在内的相关责任也是非常重要的。

在使用便利且舒适的5G网络时，大家认为什么才是重要的呢？请在下面的表格中对自己认为重要的项目进行点评（√或×等）。5G为了提供与这些项目相关的功能和性能采用了各种复杂的机制。在实际使用5G时，希望大家记住这些机制的本质，用它来帮助大家更熟练地使用5G。[注3]

使用5G时的关键点

便利	高速	便宜	新鲜	知识	感动
舒适	安全	轻量	高级	技术	共情
简单	准确	持久	优美	艺术	普遍

[注3] 在使用5G的过程中，希望更加深入地理解这些机制和功能的详细内容的读者，建议通过阅读专业书籍加深对它们的理解。

术 语 集

[● "→" 后面的数字是术语相关的章节编号。]

5GC (→4-1)

用于5G的核心网。

A ~ G

Attach (→6-2)

在终端接通电源时，从4G基站注册到运营商核心网的基本操作。

安兔兔 (→5-10)

一款对画面显示速度和游戏性能测试的结果进行评分的应用软件。

B2B2X (→7-1)

Business-to-Business-to-X的缩写。一种与各种不同的公司协作互补和合作的模型。

Beyond 5G (→8-6)

是指一种已经开始研究的，被视为5G下一代的通信系统的未来的通信方式。除了提高5G的性能和增加功能之外，更先进技术的应用和新使用方法的研究已经开始着手。

保护频段 (→3-2)

使用相邻频率（或频段）的无线电波时，用于缓冲避免相互干扰（或降低干扰）而在频率轴上配备的不使用的频段。

保护区间 (→3-6)

在正交频分复用中，在传输的信息单位（字符）和前面的信息单位（字符）之间设置间隔（间隙）。

本地5G (→6-8)

地区和社会或产业等领域作为"自己的5G"使用的5G系统。使用5GHz频段的300MHz幅度（4.6～4.9GHz）和28GHz频段的900MHz幅度（28.2～29.1GHz）。此外，如果是NSA架构，则可以并用2.5GHz频段。

边缘计算 (→4-8)

一种在配置了核心网和基站的场所放置服务器，缩短与移动电话之间的信息传输时间，使用服务器处理摄像头拍摄的高清视频信息，无须再向通信网传输大容量信息的机制。

波长 (→2-1)

无线电波的移动速度除以频率所得到的无线电波的长度。如果将无线电波的传输比喻成步行，波长就相当于步长。

波束赋形 (→3-5)(→5-3)

朝着特定方向增加（或减弱）无线电波发送，或者选择（或排除）从特定方向过来的无线电波发送的技术。

C 平面 (→4-4)

处理控制信号功能的层。

C-V2X (→6-7)

Cellular Vehicle to Everything的缩写。符合3GPP规范的汽车通信方式。

C/U分离 (→4-4)

在通信网络中明确区分C平面和U平面的处理。

CPU (→5-1)

Central Processing Unit的缩写。中央处理器。

传输功率控制 (→2-11)

为了使接收端所接收的无线电波的强度恰到好处，对发送端的发射功率进行调整。

传输距离 (→2-11)

无线电波传输的距离。当频率变高时，传输距离会变短。

传输线路的失真补偿 (→2-7)

针对接收端的信号所接收到的因干扰引起的失真，使用信道估测的结果消除失真的操作。

传输线路的信道估测 (→2-7)

在传输线路中，对因信号受干扰而失真的情况进行估测的机制。类似于在加热不均匀的电烤箱中加热膨胀材料时，对材料的变形程度进行确认。

错误检测 (→2-10)

由于是使用错误检测来检测发生错误时无法纠正的错误，因此需要根据预定规则在发送端添加信息，在接收端利用这一规则来对传输线路中是否发生错误进行判断（检测）的机制。例如，当传输由多个1和0构成的信息时，为了使整体中1的数量必须为偶数，额外地添加一个1或0进行传输，当接收端的1的数量为奇数时，就会使用奇偶校验判断为传输线路中发生了错误。

错误纠正 (→2-8)

在发送端根据某一规则添加一些额外（冗余）的信息进行传输，在接收端根据该规则查找传输线路中出现的错误字符并自动进行纠正的机制。

DSRC (→6-7)

Dedicated Short Range Communications 的缩写。

DSS (→6-8)

Dynamic Spectrum Sharing 的缩写。在现有的4G频段中导入5G基站，可以在共享频率的同时提供服务。

大规模天线阵列 (→3-5)

使用多个天线元件的阵列天线。在5G中使用毫米波频段时，由于无线电波的波长较短，可以将天线元件小型化，因此使用大量的天线元件就可以实现在左、右、上、下方向对发送和接收的方向进行控制。

等待队列 (→4-3)

在数据包通信中，当传输线路瞬间拥堵时，发送用的数据包在开始传输前待机的场所，或者待机的状态。如果比喻成银行窗口业务，就相当于在窗口可接待之前进行叉线排队。

第1代系统 (→1-6)

早期的手机系统（汽车电话）。使用无线电波直接将音频信号传输的模拟传输方式，应用于现在的手机也在使用的注册位置、通话中的交换（接力赛）等基本的功能。

第2代系统 (→1-7)

一种将音频信号转换为代码并进行高效传输的数字传输方式的手机系统。随着大容量化的推行，揭开了数字数据通信的序幕。

第3代系统 (→1-8)

采用宽带宽的高速数字传输方式，是第一个采用全球通用的国际标准规范的系统。进一步普及了电子邮件和照片传输等数字数据传输的使用。

第4代系统 (→1-9)

运用正交频分复用，实现宽带宽、高速数据传输的手机系统。与数据包传输方式的兼容性高，随着智能手机的普及，第4代系统成为了支撑信息通信社会的社会基础设施之一。

第5代系统 (→1-10)

被称为5G的最新手机系统。根据使用场景，不仅可以提供最大20Gbps的超高速通信（eMBB），还可以提供大量连接（mMTC）、高可靠性和超低延迟连接（URLLC）的通信功能。

叠加 (→3-4)

在较小蜂窝的覆盖区域中分层堆叠较大蜂窝的重叠的架构。

多径传播 (→3-6)

在无线通信中，存在从发送点到接收点直接送达的无线电波（先行波），也存在反射到距离稍远的建筑物的墙壁上少许延迟送达的无线电波（延迟波）。

多镜头相机 (→5-6)

通过组合不同焦距的多个镜头来实现拍摄图像的精细度和变焦性能的配置。

多媒体传输 (→1-8)

将语音通话、文章（文字）、图表（图案）、照片等多种类的信息集中传输。可以将这些信息分别作为数字编码来统一进行数字传输。

eLTE (→6-2)

与5G基站配合运行的基站。

eMBB (→1-10)

enhanced Mobile BroadBand 的缩写。在5G中的超高速通信

eSIM (→6-9)

是一种预先将 Profile 嵌入到设备中，并支持远程更新的 SIM。

分组交换 (→4-3)

数据包通信用的传输方式。根据每个数据包的传输目的地标签信息切换每个数据包的传输目的地的方法。

蜂窝 (→3-3)

一个基站覆盖（负责）的无线电波可到达的区域。

蜂窝方式 (→1-6)

将基站通信的领域划分为小区进行通信的机制。

蜂窝间的协调 (→3-4)

因传播条件的变化和移动电话的移动而导致相邻的蜂窝之间发生干扰时，蜂窝之间相互协作共享各个蜂窝内的信息，调整接收功率，控制切换到不受干扰的频率的机制。

GPU (→5-1)

Graphical Processing Unit 的缩写。专门用于图像处理的处理器。

高阶调制 (→2-5)

例如，加快乐器的演奏速度使一个小节（单位时间）中包含大量的音（信息）来表现的通信的机制。为了在单位时间内发送更多的信息，在极短的时间内精细地改变无线电波的状态的传输方法。

高可靠传输 (→3-8)

针对那些需要准确传输信息的用途，通过5G实现的传输。通过将复杂的纠错技术与较短的"无线框架的处理单位时间"相结合，以1ms内99.999%的成功概率实现高可靠信息传输。

工业4.0 (→7-3)

对从物联网系统收集的数据进行分析，不是根据经验和直觉，而是通过定量分析对机器和设备进行控制，或者使机器和设备自动操作来实现产业革命的机制。

公网5G (→1-10)

以"无论何时、无论何地、无论和谁"为口号不断发展壮大，在全球提供大容量、高速通信的5G系统。在一个国家提供同质、稳定的通信服务。

H ~ N

HEMS (→7-7)

Home Energy Management System的缩写。对从室内的各种电器中收集的数据进行分析，准确地对电器进行控制以达到节电目的的系统。

毫米波 (→3-1)(→5-3)

波长单位为mm的高频无线电波。与低频率的无线电波相比，直线性更强，传输距离更短。28GHz（波长10.7mm）有时也被广义地称为毫米波。

核心网 (→4-1)

移动电话系统中的一种通信网络，用于管理和控制与多个基站协作移动的移动电话的通信。

呼损 (→4-2)

将要开始通信时，因线路拥堵而无法通信的状态。

IMS (→6-4)

IP Multimedia Subsystem的缩写。整合多媒体的服务。

IoA (→7-3)

Internet of Ability的缩写。将IoT和IoH相结合，并通过网络将万物与人类具有的各种各样的能力进行连接，扩展人类的潜能。

IoH (→7-3)

Internet of Human的缩写。是指将心跳、体重等人体信息数据通过互联网连接到各种各样的服务中。

IoT (→7-3)

Internet of Things的缩写。将万物连接到互联网。

IP数据包 (→6-4)

将发送端与接收端的IP地址等信息添加到数据包的

开头部分并发送信息的数据包形态。

ISP (→5-4)

Image Signal Processing的缩写。相机的图像信号处理器。

加密 (→4-6)

为了使信息内容即使被通信对象以外的第三者截获或窃听也不会导致内容泄露，使用一种只有通信对象才可以解码的特殊规则，对传输代码信息（字符）进行处理并传输的机制。

间歇接收 (→3-7)

由于连续地产生接收动作会使电池消耗更快，因此事先决定间隔和时间段进行间歇性地数据接收。

交接 (→1-6)

是指当与离无线电波最近的基站进行通信的移动电话移动到无线电波无法到达（几乎要断开时）的场所时，将正在通话中的移动电话在非常短的时间内自动切换到相邻的基站中，以继续保持通话的方法。

控制信号 (→4-4)

为了配备、维持、维护通信，在使用者毫不察觉的情况下，使核心网和移动电话之间进行通信的像幕后功臣那样的一连串信号的名称。

LTE-M (→6-6)

LTE-Machine的缩写。适用于可穿戴设备的通信方式。

来电呼叫 (→4-5)

当特定的移动电话发生来电和数据传输时，为了开始进行通信，通过该移动电话所在的基站（群）传输呼叫信息，或者该信息的信号。

MaaS (→7-4)

Mobility as a Service的缩写。以汽车为起点的各种与交通相关的新服务。

MEC (→6-5)

Mobile Edge Computing（或Multi-access Edge Computing）的缩写。请参考"边缘计算"的部分。

MIMO (→3-5)(→6-1)

MultiInput MultiOutput的缩写。使用多个天线通过多路通信发送和接收数据的天线技术。

mMTC (→1-10)(→6-6)

massive Machine Type Communications的缩写。5G中的多路连接，提供面向物联网设备的大规模多路连接服务。

码分多路复用传输 (→1-8)

为了高效地同时传输大量信息，使用数字技术将多个传输信息代码（字符）以不同的模式进行加工处理（着色），同时（叠加）传输，接收端可选择提取经过特定模式加工的信息代码进行多路传输的技术。

漫游 (→6-9)

运营商之间相互合作进行通信的处理。

密钥 (→4-6)

在认证和加密通信中使用的数字信息（密钥信息）。由每个移动电话与核心网成对地进行保管的保密信息。

NB-IoT (→6-6)

Narrow Band-IoT的缩写。用于智能手机等设备中管理、故障检测的物联网通信的通信方式。

NSA (→4-7)

Non-Stand Alone的缩写。使用4G核心网将4G基站（控制信号）和5G基站（用户信号）叠加的"双层别墅"架构。4G与5G的基站进行联动通信。

O ~ U

PING (→6-5)

Packet Internet Groper的缩写。测试延迟特性的软件。

Profile (→6-9)

是指使用写入了电信运营商合同信息的SIM卡与网络进行身份验证。

频段 (→2-2)

某个范围的频率（无线电波）。如果在同一场所、同一时间使用相同（或重叠）频段的无线电波就会相互干扰。

频段控制 (→5-9)

根据通信速度增、减所使用的通信频段的机制。

频分复用 (→2-12)

为上行和下行分配专用的频率同时通信（如果比喻成道路，就相当于挖掘隧道同时通行）的方法。

频率 (→2-1)

是指无线电波每秒的振动数。如果将无线电波的传播比喻成步行，就相当于每秒的步数。

频率带宽 (→2-3)

频段的两端（最大频率与最小频率）的频率的差值。

频率使用效率 (→2-3)

将信息（代码串）以某种传输速度传输时的传输速度与传输中所需频率带宽的比值。频率使用效率越高，就可以通过较少的频率带宽实现更多的信息传输。

迁移场景 (→8-5)

一种使用以前的资产连续地、分阶段地导入新技术来改进系统的机制。

认证 (→4-6)

为了防止冒充"本人"使用手机进行非法利用和窃听，在通信开始时确认对方是否为"本人"的步骤。

SA (→4-7)

Stand Alone的缩写。使用5G核心网覆盖5G基站的5G独立组网类型的基站架构。

SDX (→5-2)

SD（Snapdragon）、X是指型号名，编号5之后的型号是搭载了5G调制解调器的芯片。

Snapdragon (→5-2)

Snapdragon是Quacom公司的SoC名称。

SoC (→5-4)

System on Chip的缩写。将装置和系统中必需的所有功能集成到一个半导体芯片中。

Society 5.0 (→7-6)

使用物联网将万物与人相连，并共享各种不同的知识和信息，通过创造前所未有的价值来克服各种问题和困难，创造一个人人都会互相尊重，人人都可以舒适且快乐地生活的社会。

Sub6 (→5-3)

是指6GHz以下的频段。

散热处理 (→5-10)

为了防止发热超过一定标准时出现低温烫伤和内部部件破损，发挥抑制温度上升的作用。

时分复用 (→2-12)

将同一频段按时间划分，交替进行上行和下行的切换。通过这样的方式进行处理，可以实现双向有效的同步通信。

数据包分组通信 (→1-9)

将每个要传输的信息块贴上表示目的地的标签，并将信息块作为数据包传输的通信方式。

数据交织 (→2-9)

在发送端改变发送信息（字符）的顺序的操作。

数据解交织 (→2-9)

在接收端将信息恢复到原始信息顺序（字符顺序）的操作。

刷新率 (→5-5)

屏幕更新频率的指标。

双SIM (→6-9)

通过使两个SIM同时操作，可以实现使用不同服务的服务。

双连接 (→6-9)

4G在辅助5G通信的同时发送和接收信息的技术。

随机访问控制 (→3-10)

为了实现有序且高效的通信，当移动电话终端开始通信时对无线电波的交通进行整理的机制。

ToF 传感器 (→5-6)

Time of Flight传感器的缩写。利用从相机发射到对象物体的信号，经过反射后回来的时间差，对相机与物体的距离进行估算，可用于视频处理中的虚化背景图像等。

通信待机 (→5-9)

虽然没有执行应用程序的通信，但是为了让用户能够随时使用应用而为通信做准备的同时处于待机状态，电池消耗比待机时更大。

同步通信 (→6-3)

使用4G和5G对用户数据进行通信的状态。

URLLC (→1-10)

Ultra-Reliable and Low Latency Communications 的缩写。5G中的高可靠性和超低延迟传输。

U平面 (→4-4)

具有处理使用者信号的功能的层。

V ~ Z

VoLTE (→6-4)

基于通信数据包的IP地址，使用发送给对方的数据包通信方式，并通过IMS实现语音通话的技术。

VoNR (→6-4)

Voice over NR（5G）的缩写。是指使用5G通信进行语音通话。

网络功能的虚拟化（NFV） (→4-10)

NFV是Network Functions Virtualizations的缩写。将通用设备与搭载的程序相结合，根据当时的情况进行相应的信号处理的机制。

网络共享 (→6-3)

是tether（连接）的意思，将智能手机与其他设备通过本地通信进行连接，并进行互联网通信。

网络切片 (→4-9)(→6-5)

根据不同种类的用户信号将层状的通信网的通信能力切分使用的机制。优化适合每种用户信号的网络架构，以实现稳定提供低延迟特性的服务和大容量通信的服务。

线路交换 (→4-2)

只有在通话时在电话机之间连接传输线路（线路）的方法。

信任服务 (→7-8)

确认互联网上的人、组织、数据等的合法性，防止篡改和冒充发送端的机制。

云游戏 (→5-7)

以流媒体通信的形式提供服务的游戏。

运营商核心网 (→6-2)

电信运营商管理设备和使用者信息，并协调与其他网络通信的核心网。

载波聚合 (→3-2)(→6-1)

将不同频率组合成一组无线电波（如20MHz幅度），在必要时将多个无线电波成捆使用的机制。因将传输信息的无线电波捆绑（Aggregation）而得名。

再次发送 (→2-10)

当接收端发现纠错中无法纠正的信息时，使用逆向的信息传递手段，委托发送端再次派送（再次发送）的机制。

折叠显示 (→5-5)

为了实现屏幕的曲面显示，使用硬膜或超薄玻璃代替普通玻璃材质的智能手机。耐用性还是个问题。

阵列天线 (→3-5)

通过在空间上布置多个天线元件并调整每个天线元件发送和接收的信号的错位（信号波形的超前或滞后），只将无线电波发送到特定的方向，或者选择性地接收来自特定方向的无线电波的机制。

正交频分复用 (→1-9)

将多个数字代码（字符）以每个信息为单位（字符）在时间方向上切换为较长的低速数据，再在频率方向高密度排列进行高效传输的多路传输技术。不易受多径传播的影响，可实现稳定地高速传输数据。

智慧城市 (→7-6)

利用城市的基础设施信息对城市进行配备、运用和管理，实现整体优化的城市。将城市的基础设施信息与我们的网络相连，运用各种信息致力于创建舒适生活的城市。

智能电网 (→7-7)

高效使用电力的技术。

智能家居 (→7-7)

使用HEMS优化电力后的家居。

智能游戏手机 (→5-7)

满足玩游戏所需的一定条件的智能手机。

注册位置信息 (→4-5)

当移动电话机移动且接收到新基站（群）的无线电波时，会发送信号将自己所在的位置通知到核心网的机制。当出现再次呼叫时，就会通过已通知场所的基站（群）传输信号。

自适应调制 (→2-6)

根据当时的传输线路的条件，切换到最合适的调制模式进行信息传输的机制。

自由视角视频 (→7-2)

通过超高清图像，从想要观看的角度观看比赛的技术。

最大传输速度 (→2-3)

手机系统中，某种通信方式或装置可传输的最高的传输速度。

后 记

在本书中，我们从多个角度对5G（第5代移动通信系统）的原理进行了讲解。

本书的三位作者都在5G相关领域从事技术或服务企划相关的工作。

尽管如此，将5G的原理像教科书那样系统地从基础开始，提供"全套菜单"的方式进行讲解，对于我们而言有些力不能及。因此，我们从日常的工作出发，思考"应当以什么样的方式为需要使用5G的读者和对5G感兴趣的读者传递想法"，并从稍微主观的立场以"点菜"的方式对相关内容进行了讲解。

相信本书中还有一些不太准确的比喻，或者略有偏见的解释。如果本书能够帮助大家加深对专业信息和专业书籍的理解，或者提供了从不同角度看待5G的契机，对于我们而言将是一件喜出望外的事情。

实际上，不仅仅是5G技术，每当大家面对新技术时都可能会有些不适应，但是相反地，一旦掌握了如何方便地使用5G技术之后，就会陆续地出现新的应用并得到广泛使用。另外，越是有影响力的技术和服务，对社会有害的一面就越会被批判。因此，对于整个社会而言，寻找正确的使用方法并物尽其用是非常重要的。

虽然不懂5G的原理也能够使用5G技术，但是并不能说只要理解了它的原理就能够正确地使用。因此，我们希望本书不会像"黑匣子"一样被轻率地高估或低估，而是衷心地希望本书能够作为探索与5G相匹配的使用价值的材料为大家所用。

我们在撰写本书时，得到了西村泰洋先生和从事5G业务的多方人士的极大帮助。此外，从本书的策划到出版发行，也离不开翔泳社编辑部的鼎力支持。在此，我们想向他们表示衷心的感谢。

作为从事5G相关工作的一员，对于5G在今后的运用、将为社会带来的改变以及它的发展前景，我们都非常期待。

饭盛英二、田原干雄、中村隆治